JN141765

中山裕之

獣医学を学ぶ君たちへ

人と動物の健康を守る

東京大学出版会

An Interesting Story of a University Veterinarian
Hiroyuki NAKAYAMA
University of Tokyo Press, 2019
ISBN 978–4–13–072066–3

はじめに
——1枚の写真から

この牧歌的な写真は私がもっとも好きな1枚です。茨城県笠間市にある東京大学附属牧場で撮影したものですが、すでに色褪せ、フォーカスも合っていません。どのような状況でだれが撮ったのかさっぱり覚えていないのですが、たぶん畜産獣医学科3年生の9月に行われた家畜管理実習の休憩時間に撮ったものと思われます。中央が若かりしころの私です。当時、大学紛争はすでに下火になっていたものの、学内にはまだ立て看板が乱立し、昼休みになるとハンドマイクを持った学生が、往時の残照のように声を枯らして演説していました。男子学生の髪の毛もまだ長く、肩まで伸ばしているのがふつうでした。このときの実習は、おそらく私の将来を決定的に決めるきっかけになったと考えています。後日、私は獣医病理学の道に進むことになるのですが、このときは漠然とした動物科学への興味と憧れが膨らみ始めた瞬間でもありました。

当時、獣医師養成教育はまだ4年制で行われていました。東京大学農学部では畜産学と獣医学をともに学ぶというコンセプトのもと「畜産獣医学科」が設置され、卒業すると獣医師国家試験の受験資格を得るという制度でした。当時の学生の常として、夜を徹して社会の矛盾や将来の夢を語り合い、たまには(いつも?)麻雀、当然、午前中の授業には出られず、試験は最低点でギリギリ通過という有様でした。ところが、臨床や公衆衛生など社会との接点を持つ科目の授業・実習が始まると、途端に興味が湧いてきて、柄にもなく一生懸命勉強したものでした。この写真はちょうどそのころに撮影されたものと考えられます。

この1年前、私は東京大学2年生で、「進学振り分け」の渦中にいました。大学入学後の前期教養課程の成績で後期専門課程の進学先が決まるのです。高校生のころから生物系を志望していたのですが、大学入学後の不摂生がたたって、進学したいと思っていた学部学科には点数が足りず進むことができません。唯一、農学部の畜産獣医学科だけが、定員割れで、なんとか潜り込めそうな状況でした。畜産学とはなんだろう、獣医学では動物医学を勉強するのだろうか、将来の進路はどうなっているのだろう。今思うと不謹慎極まりないのですが、じつはあまり深く考えずに応募したものですから、進学が決まったときは、途方に暮れてしまいました。自分でも理由はわからないのですが、生物学のなかでも生物の体を構成する物質とその機能を扱う生化学、個体間の関係を扱う生態学、動物の分類や生息環境などを扱う博物学に興味があり、獣医学が含まれるその中間の個体レベルの生物学には、それほどの興味が湧きませんでした。まあ一応動物を勉強するのだし、なんとかなるかな、というようないい加減な気持ちで進学したのでした。ところが、獣医学の勉強を進めていくうちにだんだんと興味が深まり、将来がなんとなく見えてきたように感じたのです。この写真はちょうどこのころに撮影されたものです。

私たちの卒業後程なく、獣医師養成教育は6年制になりました。医学部、歯学部と同様になったわけです。さまざまな動物種について学ぶ必要があるため、それまでの4年制教育では時間が足りないこと、獣医師も医師や歯科医師と同様、専門家としての教育にはそれなりの時間をかけなければならないこと、がその理由です。確かに、6年制移行後、獣医師の社会的地位が向上したと思います。一方、1987年から1993年にかけて、少女マンガ雑誌に連載され、2003年にはテレビドラマ化された、佐々木倫子原作の『動物のお医者さん』は一大ブームを巻き起こし、獣医師志望の中高生が増加、獣医学部・学科の入学競争率が急激に上昇しました。東京大学でも教養課程から専門課程へ進学する「進学振り分け」で、獣医学科はもっともむずかしい進学先のひとつになりました。しかし、このころから、獣医学卒業生の進路に職域の偏在がめだつようになりました。すなわち、伴侶動物臨床分野希望者の増加と、産業動物臨床分野および公衆衛生分野希望者の減少です。そして、この職域偏在は、2000年から2010年に発生した口蹄疫、鳥インフルエンザなどの家畜伝染病の流行と相まって、獣医師の不足を生じ、大きな社会問題として注目されるようになったのです。

昨年夏にはアフリカ豚コレラが中国に侵入し、瞬く間に全土に広がりました。わが国でも9月に岐阜県で26年ぶりに豚コレラが発生し、今年の2月には複数の府県に広がりました。万が一アフリカ豚コレラが日本に侵入する、あるいは豚コレラが全国に広がると、肉屋に豚肉がなくなってしまいます。もちろんトンカツやしょうが焼きも食べられなくなりますが、それ以上に畜産物の生産流通に大きな支障が生じます。まさに国家規模の経済危機なのです。幸い、獣医師の職域偏在を憂慮した関係者の努力により、近年この職域偏在は少しずつ解消されつつあるように思います。伴侶動物、とくに犬の飼育数減少により伴侶動物臨床獣医師数がわずかずつですが減少傾向に転じたこともその要因と考えられます。伴侶動物飼育数の減少も大きな問題なので、なんとかして食い止めなければなりません。獣医師の職域はとても広く、したがって各職域に獣医師が適正に配置されることが健全な社会にとってとても重要なのです。

獣医師の職域についての正しい情報を社会に、そして獣医師をめざす高校生諸君に適切に伝えていくことは、私たち獣医学教育に携わる者にとってきわめて重要な責務です。本書はそのような意図を持って執筆しました。加えて、私のように大学に勤務し、教育と研究に従事している獣医師が普段どのような仕事をし、またどんなことを考えているかについても紹介したいと思います。特殊な職業なのですが、本書をお読みになったみなさんがその一端だけでもご理解いただければ幸いです。

目次

I

獣医学とはなにか

1 獣医師という仕事

1.1 獣医師の仕事いろいろ

私の名刺の裏面を見ると「DVM, PhD NAKAYAMA, Hiroyuki」と記されています（図 1-1）。名前の前にある「DVM」と「PhD」は称号です。PhD は Philosophy Doctor の略で「博士」を意味します。理系の大学教員の多くは博士号を取得していると思いますので、通常はこの称号が名前の後についています。それでは、もうひとつの称号、DVM とはなんでしょう。これは Doctor of Vet-

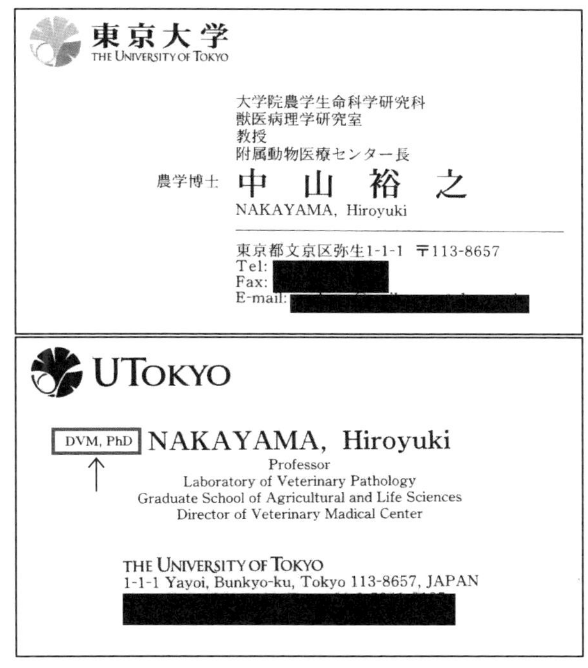

図 1-1　名刺。裏面（下段）の英文氏名の前に「DVM, PhD」との記載がある（矢印の枠内）。

erinary Medicine、すなわち「獣医師」の略です。Veterinary は獣医あるいは動物を表す単語です。重荷を引く家畜という意味のラテン語 Veterinum が起源とのことです。乗りものを意味する英語 Vehicle も同じ起源だそうです。Medicine は医学のことですので、Veterinary Medicine で獣医学となります。獣医学を修めた人は DVM と称せられます。ちなみに医師は MD（Medical Doctor）、歯科医は DDS（Doctor of Dental Surgery）です。

私が勤務する東京大学では理科 I、II、III 類および文科 I、II、III 類のどれかに入学し、教養教育を受けた後 2 年生の夏に進学する専門課程が決まり、秋にはいよいよ専門の科目が開講されます。ようやく暑さが去った 10 月の初め、獣医学専修に進学する予定の 2 年生向けに獣医学の入門ともいえる「応用動物科学概論」という講義が始まります。私たち獣医学専攻の教員が、日本と海外の獣医師・獣医学、畜産について概説し、現在さまざまな獣医畜産の分野で活躍している方々にきてもらい経験を話していただくことになっています。私も日本における獣医師の仕事の内容について、これから獣医師を目指す若い諸君にできるだけわかりやすく説明しています。その授業の様子をここで再現してみたいと思います。

ふつう「獣医師」という職業名からは、街角で見かける犬や猫のお医者さんというイメージが湧いてくると思います。◯◯動物病院、××獣医科、△△ペットクリニックなど、100 メートル歩く間に 2 軒、3 軒の動物病院を見ることもまれではありません。ある動物病院のドアを開けて中に入ってみましょう。待合室には犬や猫を連れた飼い主さんたちが心配そうな顔で診察の順番を待っています。飼い主さんの膝の上には元気のない犬や猫が不安そうに座っています。「飼い主さんの苗字」プラス「犬や猫の名前」、たとえば「中山ももこちゃん」（じつはこれは私の娘の名前なのですが……、どういうわけか小型犬にこの名前が多い……）、と呼ばれて診察室の中に入ると、動物を載せる台の向こうで白衣の獣医さんがほほえんでいます。「今日はどうされましたか」。おそらくこれがみなさんがふつうに描く獣医さんのイメージだと思います。

ところ変わって、夏の北海道、とある牧場。太陽はまぶしいのですが風はさわやかで、白と黒のまだら模様の牛が青々と茂った牧草を食んでいます。この風景、あこがれますね。だれでも一度は行ってみたい場所、見てみたい風景だと思います。そんな牧場の片隅に牧舎があります。牧舎は牛の寝床なのですが、ある雌牛が出産の最中で室内には熱気がみなぎっています。どうも難産らしく、母牛は苦しそうにうめいているのですが、子牛はなかなか出てきません。心配そうな表情で立ちつくしている牧場主の手前には、横になった母牛の陰部からのぞいている子牛の前足に鎖をかけて引き出そうと汗まみれで必死にがんばっている女性がいます。彼女はこの牧場がある地区の農業共済組合（NOSAI）に所属する獣医師です。NOSAI とは保険組合の一種で、酪農家から飼育している牛に対する保険掛け金を集め、牛が病気になったとき、死んだときに保険金を配布します。また、診療所を所有し、獣医師を雇用して加入酪農家の牛の診療や健康管理を行っています。NOSAI の獣医師は具合が悪い牛がいるという連絡を受けると、未舗装の田舎道を土煙をあげながら車で駆けつけます。

さて、場面はまた変わり、大きなコンクリートビルの入口です。「○○食肉センター」という看板が掲げられています。中に入ると機械の轟音が鳴り響き、フックでぶら下げられた牛や豚の半身の屠体がコンベアーで次から次に運ばれていきます。白衣の男性がぶら下がった屠体の肉を先に鉤がついた棒で器用に引っかけて裏返しながら、一心不乱に見つめています。しばらく見つめた後、なにごともなかったかのようにホッとため息を吐き、もう一方の手で持つスタンプを肉に押しています。この男性は別の部屋に向かい、そこにある牛の肝臓を先ほどと同じように真剣に見つめ、なにか色が変わった部分を見つけると今度はこの臓器を検査用と書かれたトレーに移しました。この男性の白衣につけられた名札には「××食肉衛生検査所獣医師　中山」と書かれています。食肉の検査を行うのも獣医師の仕事です。

今度は、離島の山の中です。「環境省○○野生生物保護センター」と書かれた表札が門にはめ込まれています。建物の中ではひとりの女性が動物の糞を水に溶かしスライドグラスに塗りつけた標本を顕微鏡で観察しています。数分夢中になって観察した後、レンズから目を離し「うん」とうなずき、電話に手をかけました。電話の相手は東京の動物園で働いている獣医大学の同級生です。「やっぱり、糞の中に虫卵が見えるので、回虫がいるみたいなんだけど」。環境省の職員として国立公園などに勤務する獣医師、動物園や水族館などで動物の飼育や健康管理、診療を担当する獣医師もいます。またウサギ、フェレット、ハリネズミ、カメやトカゲなどの爬虫類を診療するエキゾチック動物専門の獣医師も少しずつですが増えているようです。

「△△大学獣医学部」という看板が掲げられた古めかしい煉瓦づくりの建物を入っていくと、動物の臓器を陳列する棚の奥に開いたままの扉があり、30代の男性が実験台を前に座り、ピペットで試薬をプラスティックの試験管に移しています。2、3回振った後で試験管を温度が一定に保たれた容器にセットし、今度は実験台の横に置いてある顕微鏡をのぞき始めました。5分ほど一心不乱にのぞいた後で、意を決し顕微鏡についているデジタルカメラのシャッターボタンを押しました。接続しているコンピューターのモニターに映った顕微鏡の画像をハードディスクに保存し、息つく間もなく先ほどセットした試験管を取り出し、今度は中の液体を測定器に入れてデジタルメーターを読み、その値をノートに記載しました。ノートを閉じ、顕微鏡や測定に用いた機器をかたづけ、マグカップに残った冷めたコーヒーを飲み干した後、となりの部屋に移動しました。ここでは大勢の学生が顕微鏡をのぞきながらその像をスケッチしています。「先生、これが狂犬病のネグリ小体ですか」。ひとりの学生に質問され、その顕微鏡をのぞき「そうですね。これをスケッチしてください」と笑顔で答えました。彼は△△大学獣医学部の助教として、昨年赴任してきました。日々研究と教育に励んでいます。この助教の先生はかつての私の姿です。

「今お話しした仕事はすべて獣医師の職域です」。応用動物科学概論の第1回目の授業はこのような話で始まります。犬や猫などペット（伴侶動物）の獣医師、牛や豚など産業動物を診察する獣医師、家畜保健衛生所や食肉衛生検査所で働く公衆衛生獣医師、野生動物や動物園動物を対象としている獣医師、そして私のように獣医大学で教育と研究を行って後進を育てている獣医師。さらに、ここでは言及しませんでしたが、農林水産省、厚生労働省、環境省、地方自治体など行政の分野で働く獣医師もいますし、国際獣疫事務局（OIE）、世界保健機関（WHO）、国際連合食料農業機関（FAO）などの国際機関で活躍している獣医師もいます。現在日本では毎年およそ1000人の新しい獣医師が誕生しています。ほとんどが上述した獣医学関連の職業についています。獣医師がカバーする職業はこのように非常に幅広いのです。

1.2 獣医学と獣医師の歴史

応用動物科学概論の第2回目の授業は獣医学と獣医師の歴史に関する内容で

す。獣医学の歴史は人と動物の関係の歴史でもあります。したがって、話はだいたいフランスのラスコー洞窟、ショーヴェ洞窟あるいはスペインのアルタミラ洞窟の壁に描かれた動物画から始まります。

1940年にラスコー洞窟で動物の絵画が発見されました。今から1万5000年ほど前にクロマニヨン人によって描かれたものとされています。ちょうどこのころに犬が家畜化されたと考えられています。1万4000年前のものと思われるドイツの遺跡で人骨とともに犬の骨が出土していますが、これは人と犬がごく近い存在であったことを示しています。さらに1万年前には羊、山羊、牛が、6000年前には馬、豚がそれぞれ家畜化されました。紀元前2500年ごろのものと推定されるエジプトの壁画には牛の助産の様子が描かれています。これが人が最初に行った獣医療に関する記録と考えられています。さらに紀元前2000年ごろにはシュメール人による獣医師に関する記録があるそうですし、紀元前1900年ごろには最古の獣医処方箋がエジプトで作成されたとのことです。時は下って、9世紀から13世紀にかけて東ローマ帝国や神聖ローマ帝国で馬の医学に関する書物が刊行されました。このころ、アジアの地においても中国やモンゴルで馬の生産がさかんになるにしたがい、馬の医療が確立され、馬の医療を行う人を「伯楽」と呼ぶようになりました。

1762年にはフランスのリヨンに世界最初の獣医大学が設立され、さらに1764年にはフランスにアルフォール獣医大学が、1766年にはオーストリアにウィーン獣医大学が設立されました。その後、相次いで、スウェーデン、デンマーク、イギリスでも獣医大学が設立されるに至ります。一方、アメリカでは1879年にアイオワ州立大学に獣医学部が設置されています。18世紀後半から19世紀にかけて、医学、細菌学、免疫学などが大きく進歩すると、それとともに獣医学もまた進展しました。とくに、イギリス人エドワード・ジェンナーによる種痘の発明は、牛の感染症を利用して人の感染症を防ぐという人と動物の病気の関連に注目して行われた世界で初めての研究です。

日本国内に目を向けてみましょう。4世紀または5世紀に朝鮮半島から馬が渡来しました。595年には聖徳太子が、馬の治療法を高句麗出身の僧に学ぶよう配下に命じたという記録があるようですので、これがわが国における最古の獣医療の記録かもしれません。ところで、712年に成立した古事記には、大国主命がウサギの傷を蒲の穂で治療したという「因幡の白兎」の話が登場します。

大学での授業や学外の講演会などでわが国における獣医学の歴史に話がおよんだとき、だいたい日本最古の獣医療として万人が知っている白兎の逸話を持ち出しますが、これはたぶんフィクションなので、聖徳太子の逸話のほうが信憑性が高いことになります。それにしても伝道に訪れた僧が獣医療を教えたとは、当時の大陸の獣医学は相当に進んでいたことになりますね。日本でも馬は人や荷物の輸送、戦争などに使われ、なくてはならない動物でした。したがって、日本における獣医学も歴史的にはその多くが馬に関するものでした。馬の解剖、飼養、病気とその治療に関する本が出版され、馬医、すなわち馬の獣医師も養成されました。江戸時代になると、第5代将軍・徳川綱吉が「生類憐れみの令」を発令し、犬、馬、牛、鳥類に加えほとんどの生きものの保護を行いました。この法律は「天下の悪法」といわれていますが、見方を変えると世界で初めての動物愛護に関する法律と考えられます。むしろ綱吉の先見性を大きく評価してもよいと思います。

明治の時代になると、日本でも近代化にともなって獣医学校が設立されます。1874年に農事修学場が開設され獣医学科が設けられました。農事修学場は農学校への改称を経て1882年に駒場農学校となります。現在の東京大学農学部獣医学課程の前身です。一方、札幌には1875年に札幌学校が開校され、翌年に札幌農学校と改称、1880年には獣医学教育が開始されました。これが北海道大学獣医学部の前身です。さらに、1893年には陸軍獣医学校が開設され、おもに軍馬の疾病治療を行う軍官の養成を始めました。その後、各地の農学校や高等農林学校などに獣医師の養成課程が設立されました。これらは戦後、各大学の農学部獣医学科になりました。1890年ごろからは私立の獣医学校も設立されます。現在（2019年）、獣医師養成課程を有する大学は、国立10校、公立1校、私立6校の都合17校です。

（この節の内容は『獣医学概論』第2章　獣医史学［小佐々学］を参考にしました）

1.3 ヤンソン先生の話

明治の初めに設立された駒場農学校獣医学科には、いわゆるお雇い外国人教師として、イギリス人ジョン・アダム・マックブライド、ドイツ人ヨハネス・

ルードビッヒ・ヤンソンらがいました。マックブライドは3年間滞在し獣医学科の主任を務めた後に帰国しましたが、彼の後任として赴任したヤンソンの滞在は長期にわたりました。途中何回か一時的にドイツに帰国しましたが、けっきょくは定年退職まで駒場農学校とその後改称した東京帝国大学農科大学に在籍し、日本人女性と結婚、終には日本に骨を埋めました。北海道大学の前身、札幌農学校で初代教頭を務め、「少年よ、大志を抱け」の言葉で有名なウィリアム・スミス・クラーク博士の札幌滞在は8ヶ月間でしたので、ヤンソン先生の日本に対する思いは如何程であったのでしょうか。ヤンソン先生の教育の守備範囲は広く、解剖学、病理解剖学、内科学、外科学、伝染病学、防疫学、乳肉検査、飼育学、産科学および寄生虫病学を担当したと記録に残っています。まさに日本の近代獣医学教育の祖といえるでしょう。時代が異なっているにしても、なかなかできることではありません。私なぞは病理学を教えることだけで悲鳴をあげています。また、ヤンソン先生は1880年に開設された動物病院で獣医臨床を教え、さらに日本語で書かれた最初の獣医学教科書『家畜醫範』を校閲しました。この教科書は弟子たちによって著されたのですが、ヤンソン先生はその内容を確認したのです。

1966年に刊行された『駒場農学校等史料』という本にヤンソン先生と田中宏先生がつくった獣医解剖学の試験問題が載っています。「喉頭と連絡する器官をあげよ」、「口腔内に開口する腺をすべてあげよ」など、けっこうむずかしく、現代の獣医学生でもてこずるのではないでしょうか。ちなみに、当時、助教であった田中宏先生は後年、豚肉しょうが焼きの料理方法を考案した獣医解剖学者として有名です。さらに余談ですが、この『駒場農学校等史料』には明治17(1884)年の職員名簿が掲載されていて、ヤンソン先生や田中宏先生と並んで、理財学の教員として文学士・嘉納治五郎の名前があります。講道館を創設した柔道家ですが、いろいろなところで活躍していたのですね。

ヤンソン先生はなかなか洒落人でもあったようです。当時の農商務大臣・西郷従道から「鹿鳴館」で日本の婦人に社交ダンスを教えるよう要請されたという記録があります。「鹿鳴館」といえば明治の初めに海外の外交官や訪問客をもてなすために政府が建てた社交場で、当時の欧米化政策を象徴する施設です。食堂、バー、ビリヤード場も併設し、大広間では夜な夜なダンスパーティーが開かれていたそうです。ヤンソン先生は肩ならぬ自慢のカイゼル髭で風を切り、

図 1-2　東京大学弥生キャンパス内の動物医療センター玄関前に移設されたヤンソン像。

鹿鳴館の大広間を闊歩していたのでしょうか。

駒場農学校／東京帝国大学在職中にはほかにもいろいろなエピソードがあったようです。たとえば、1892 年 3 月に、上野動物園からの依頼を受けて、具合が悪くなった北海道からきた「北極熊」を診察し、回復のためには原産地である北極地方のような冷環境に置くよう指示しました。これに対し、動物学の教授・石川千代松が「このクマは通常のクマの白子（アルビノ）であってホッキョクグマではない」とした書簡が残っています。動物の分類や生息地域に関してはあまりくわしくなかったのかもしれません。

その後、ヤンソン先生は 1902 年の定年まで帝国大学（駒場農学校は 1890 年に帝国大学農科大学に名称変更しました）に勤務し、数多くの後継を育てました。その退職にあたり教え子などの寄付により駒場キャンパスにブロンズ製の像がつくられました。この像は、おそらく、1935 年の夏ごろに行われた旧制第一高等学校（当時・文京区弥生）と農科大学（当時・目黒区駒場）とのキャンパス交換の際に弥生キャンパスに移設されたと思われます。その後、像は農学部 3 号館の 2 階廊下に放置されていましたが、2014 年 9 月の修理の後、動物医療

図 1-3　1912（明治 45）年の農科大学獣医学科卒業生。ヤンソン像前での記念撮影。当時、農科大学は駒場にあった。右上の枠内はヤンソン先生の写真。東京大学獣医病理学研究室所蔵写真。

図 1-4　2016（平成 28）年 3 月の東京大学農学部獣医学専修の卒業記念写真。

センター前に移設し（図1-2）、11月にはお披露目を兼ねたシンポジウムが開催されました。このシンポジウムで私はヤンソン先生の生涯について講演しました。お披露目にはヤンソン先生のお孫さん、ロバート・ヤンソンさんはじめ、ご親族の方々にもご参加いただきました。

東京帝国大学定年の前年、ヤンソン先生は鹿児島出身の谷山ハルさんと結婚し、一男二女をもうけました。前述のロバート・ヤンソンさんはご長男ワルター・ヤンソンさんのご子息です。定年後は盛岡高等農林学校と鹿児島の旧制第七高等学校に勤務しましたが、体調を崩され、1914年10月28日に鹿児島にて65歳で永眠されました。ヤンソン先生のお墓は鹿児島市の草牟田墓地にあります。

私の手元に、1912年に撮影された1枚の写真があります（図1-3）。ヤンソン先生の像の前に卒業生と教員が並んでいます。たぶんこの年の卒業記念写真なのでしょう。中列右から2人目が件の田中宏先生です。この年、ヤンソン先生はご存命でしたが、鹿児島に赴任中で記念撮影には参加できなかったのでしょう。写真の右上の囲みの中に写っています。下の写真は2016年3月の東京大学農学部獣医学専修の卒業記念写真です（図1-4）。移設がなったヤンソン像の前で、100年前と同じように記念写真を撮ることができました。それにしても若者の姿形、立ち振る舞いは100年前とまったく異なっていますね。たぶん同じくらいの年齢だと思います。

1.4 獣医学の進歩と獣医大学の変遷

後にくわしく述べますが、日本では、学校教育法にもとづく大学において獣医学の正規の課程を修めて卒業し、農林水産省が管轄する獣医師国家試験を受験、合格した後、所定の手数料を納めることで獣医師免許が与えられます。現在、獣医学の正規課程は学校教育法により医学や歯学と同様、修業年限6年となっています。獣医学教育の6年制は昭和59（1984）年の大学入学者から適用されています。私が大学を卒業したのは昭和55（1980）年でしたので、獣医学の課程はまだ4年制でした。現在6年間で行っている講義や実習を4年間で行っていたかというと、まったくそうではなく、取得すべき単位数は今に比べてはるかに少なかったと思います。それは、とりもなおさず、私が学生だった

40年前から現在までに獣医学が急速に進歩し、大学で学ぶことが圧倒的に増えたためだと思います。今思い返しても、私が学生であったときはずいぶんのんびりした雰囲気でした。現在と同様、午前中は講義、午後は実習でした。午後の実習はさすがに充実し、科目によっては毎回夜までかかるものもありましたが、午前の授業に関してはだいたい10分遅れで始まり10分早く終わるというのが常でした。それだけ教える内容がなかったということなのでしょうか。

獣医学は人以外の動物が対象なので、人の医学の何倍もの知識を習得しなければなりません。現在の学生さんはじつにたくさんのことを勉強しています。私自身、専門の病理学に関しての知識はさすがに負けませんが、それ以外、とくに獣医臨床に関する知識は今の学生さんにおよばないと思います。超音波、CT、MRIの画像読解についての講義、実習は40年前にはありませんでした。たぶん私は今、獣医師国家試験を受けても合格しないと思います。基礎獣医学に関しても、DNAやタンパク質を扱う分子生物学的手法はまだ普及しておらず、分析のための機器もほとんどありませんでした。実験に用いる試薬も自分で調整する必要がありました。決定的な写真を1枚撮るために、1週間以上毎日朝から夜遅くまで、電子顕微鏡室にこもり標本を作製しては観察を繰り返していました。今考えるとあまり効率がよいとは思えませんが、組織染色法の原理、顕微鏡の調整法など科学的手法の基礎技術について根本から勉強することができました。今は試薬を分析機器にかければ、数分で結果が出てきます。その間機器の中で起こっている反応について知る必要はありません。入力と出力さえあれば、その間はブラックボックスでかまわないのです。現在では、実験手法のすべてを完璧に理解することは不可能です。そんなことをしていては時間がかかりすぎて、過酷な競争には勝てません。でも、たまには肩の力を抜いて、組織染色法の原理や顕微鏡の調整法などを勉強するのも楽しいものです。

私が専門としている獣医病理学の分野においても、この40年間の進歩には目を見張るものがあります。組織標本の中にある物質の存在を確認したい場合には、以前はその物質とよく結合する色素を用いて標本を染色していました。たとえば、膵臓の中にランゲルハンス島（なんとなくわくわくする名前ですね。「膵島」ともいいます）という構造があり、ここにはグルカゴン（血糖値を上げるホルモン）を産生分泌するA細胞とインスリン（血糖値を下げるホルモン）を産生分泌するB細胞とがあります。以前はこれらの細胞をアルデヒド・フクシン染色法により染め分けていましたが、染色液の作製と染色技術にコツがあり、なかなか思うような染色結果は得られませんでした。今では免疫染色法あるいは免疫組織化学法と呼ばれる手法を用いて、だれでも手軽にかつ確実にこれらの細胞を染め分けることができます。免疫染色法では、グルカゴンとインスリンに対する抗体を使います。これらの抗体は膵臓組織内のグルカゴンとインスリンに結合します。結合した抗体にそれぞれ異なる目印をつけておけば、グルカゴン細胞とインスリン細胞を染め分けられるのです（図 1–5）。また、*in situ* ハイブリダイゼーションという方法を用いると、ある特定の塩基配列を有する DNA や RNA の存在・分布を組織標本の中で検出することもできます。これらの手法は今ではふつうに用いられており、いろいろな種類の試薬キットが販売されています。

獣医大学もこの 40 年でずいぶんと変わりました。私たちが学生のころは獣医大学を志望する学生は少なく、東京大学ではいつも 30 人の定員を満たして

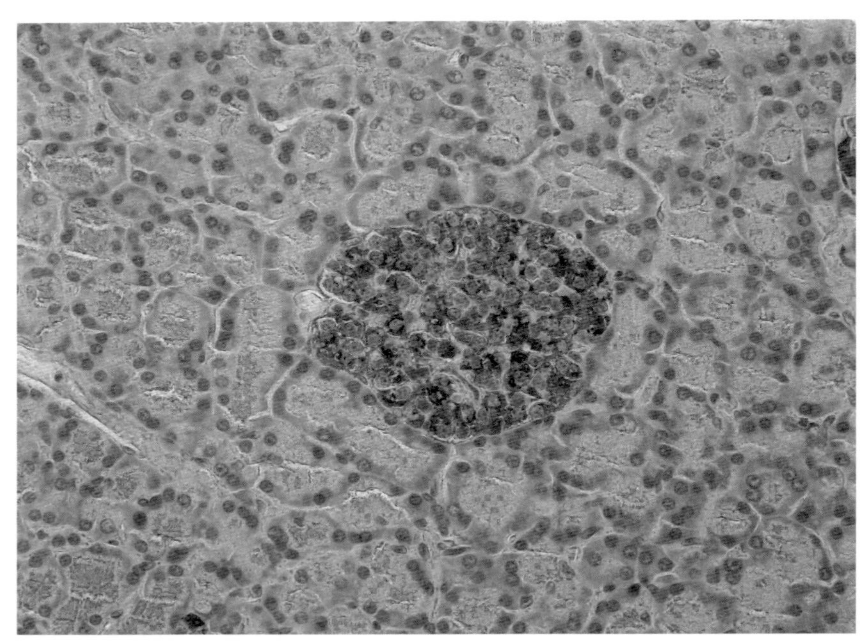

図 1–5　ランゲルハンス島の免疫染色写真。インスリン産生細胞（B 細胞）が黒く染まっている。テグー（南米原産のげっ歯類）の膵臓。

いませんでした。学生もいささか生意気で、勉強しないくせに先生方に対してはえらそうなことばかりいっているというありさまでした。それでも私たちの少し前にあたる大学紛争の世代よりは、少しましだったのかもしれません。いずれにせよ、あまり優秀な学生はいなかったと思います。1990年ごろに佐々木倫子作の『動物のお医者さん』という漫画が大流行し、獣医学を勉強したいと考える若者が急に増えました。ちょうどこのころ、日本の獣医師養成教育が4年制から6年制に変わり、獣医師のステータスが上昇しました。獣医大学には優秀な学生が集まるようになり、授業の内容も欧米の最先端を取り入れたものへと変わっていきました。とくに犬や猫などの伴侶動物の獣医学は急速に進歩し、大学で教えることもうなぎ上りに増えていったのですが、優秀な学生が集まっていたので、みなさん授業内容を困難なく消化吸収していきました。獣医大学の競争率、偏差値が上昇し、医学部のそれに迫る勢いになったのです。また、女子学生の割合が増えてきたのもこのころです。世の中は少子高齢化が進み、犬や猫を飼育する高齢者、単身者が増えてきました。犬の飼育数、猫の飼育数が増加し、これが伴侶動物獣医師人気に拍車をかけました。一方、牛、豚、鶏などの産業動物獣医師、動物衛生、食品衛生などの公衆衛生を担う公務員獣医師の数は逆に減少してしまいました。獣医師の全体数は十分なのですが、職域が偏在してしまったのです。産業動物や家畜衛生・公衆衛生を業とする獣医師は日本の畜産業・食品産業に密接にかかわっています。じつは現在、日本の農業産出額の3分の1は畜産物が占めています（農林水産省資料）。畜産業は日本最大の第一次産業なのです。これらの分野で活躍すべき獣医師へのなり手が少ないということは由々しき問題です。2000年を過ぎたころから農林水産省をはじめ、日本獣医師会など関連する各種団体がこの問題の解決に取り組んできました。また、BSE、鳥インフルエンザなどの人獣共通感染症、口蹄疫など再興動物感染症が日本でも流行し、こうした問題に興味を持つ獣医学生も増えてきました。最近は少しずつですが、産業動物や家畜衛生・公衆衛生方面に進む卒業生の数が回復してきているようです。

残念ながらここ数年、犬の飼育頭数が減少しています。一般社団法人ペットフード協会の調査によると、2015年には991万7000頭と1000万頭を切りました。飼い主の高齢化による飼育世帯数の減少が反映されているようです。猫の飼育頭数は987万4000頭で横ばいです。このため人気が高かった伴侶動物獣医師の需要も減少しているようです。また、近年、レギュラトリー・サイエンスおよびトランスレーショナル・リサーチというカタカナ語を頻繁に聞くようになりました。前者は科学技術の成果を人と社会に役立てることを目的に、その成果を人と社会に対してもっとも望ましい姿に調整するための科学（科学技術基本計画による）、後者は基礎研究の成果を人の臨床医学に生かすための橋渡し研究を指しています。現在、行政機関、大学や研究所、製薬や食品企業などに所属する獣医師の多くはレギュラトリー・サイエンスやトランスレーショナル・リサーチにかかわっています。

1.5 第1章のまとめ

1. 獣医師の職域は、伴侶動物獣医師、産業動物獣医師、公衆衛生獣医師、野生動物や動物園動物の獣医師、教育と研究を行う獣医師、行政分野の獣医師、国際機関の獣医師など多様である。
2. 1万年ほど前に動物が家畜化され、紀元前2500年から2000年に初めての獣医療の記録がある。それ以来、獣医学はおもに馬の医学として発展してきた。
3. 明治初頭に駒場農学校に赴任したヤンソン先生は一生を日本の近代獣医学教育に捧げた。
4. 最近40年間の獣医学の発展には著しいものがある。獣医師の職域分布も時代とともに変化している。

2 獣医師への道

2.1 獣医師になるためには

前章をお読みになり、獣医師の職域の広さをご理解いただけたと思います。さて、それでは日本で日本の獣医師になるためにはどうすればよいのでしょうか。まずは、獣医学教育課程、すなわち大学の獣医学部や獣医学科に入学します。現在、日本にある獣医大学は17校です（2018年4月に愛媛県今治市に新たに1校が開校しました）。獣医学の専門教育は医学、歯学、薬学と同様6年間行われますが、ほとんどの科目が必修ですのでかなりたいへんです。覚悟して勉強しなければなりません。でも、やりがいはあると思います。必要な単位を取得し無事卒業すると、今度は農林水産省が所管する獣医師国家試験が待ち受けています。詳細は後述しますが、合格率は例年約80％で医師国家試験よりやや難関です。めでたく合格すると、農林水産省獣医事審議会長名で合格証が送られてきます。これに医師の診断書など各種書類と収入印紙3万2000円分を添えて申請すると、ほどなく獣医師免許証が送付されます。これで晴れて「獣医師」です。ほとんどの学生は6年生の春から夏にかけて就職活動を行いますので、国家試験を受験するころにはすでに就職先が決まっていると思います。国家試験合格後は、数多い獣医師の仕事の中から自分が選んだ職業を誇りとしがんばってほしいと思います。

一方、海外で勉強して日本の獣医師になることもできます。獣医師法には「外国の獣医学校を卒業あるいは外国の獣医師免許を取得し、獣医事審議会が認めた者」と「獣医師国家試験予備試験」に合格した者は日本の獣医師国家試験を受験できると書かれています。しかし、ここでいう外国の獣医学校はそれなりに充分な獣医学教育を実施していることが条件ですので、海外で獣医学を勉強しようと考えている方は学校の選択に気をつけてください。

逆に、日本で獣医師免許を取得し、海外で獣医師として働くにはどうすればよいのでしょうか。アメリカの場合、日本の獣医大学を卒業後 TOEFL（英語力）、BCSE（基本的獣医学知識）、CPE（上級獣医学知識）の試験に合格し、さらに各州が行う試験に合格してようやく獣医師としての仕事が可能になります。ただし、長い時間と多額のお金、そしてなによりも不断の努力が必要です。アメリカで獣医師の収入がきわめて高いという理由のひとつにはこのような事情もあるのでしょう。アメリカ以外の国の獣医師免許については、国によってそれぞれ異なっていますので、詳細は関連ウエブサイトなどでご確認ください。

2.2 日本の獣医大学

現在、日本には獣医学教育を行う大学が 17 校あります（表 2-1）。国立大学が 10 校（帯広畜産大学、北海道大学、岩手大学、東京大学、東京農工大学、岐阜大学、鳥取大学、山口大学、宮崎大学、鹿児島大学）、公立大学 1 校（大阪府立大学）、私立大学 6 校（酪農学園大学、北里大学、日本大学、日本獣医生命科学大学、麻布大学、岡山理科大学［2018 年 4 月獣医学部開校］）です。毎年都合約 1000 名の卒業生が後述する獣医師国家試験に挑戦しています。これらの大学はその立地条件により、教育内容、研究内容にそれぞれ特色を有しています。たとえば、帯広畜産大学、岩手大学、宮崎大学、鹿児島大学、酪農学園大学、北里大学は畜産業がさかんな地域にあるため、牛や馬の獣医学に力を入れています。これに対し、北海道大学、東京大学、東京農工大学、日本大学、日本獣医生命科学大学、麻布大学、大阪府立大学は大都市に立地しているので、どちらかといえば、犬や猫などの伴侶動物臨床が教育研究の中心になっています。

国立大学 10 校と公立大学 1 校の学生定員はそれぞれ 1 学年 30 名から 40 名で、1 学年 100 名を超える欧米や東南アジアの獣医大学と比べるとはるかに少人数です。一方、私立大学の定員は 80 名から 140 名で海外の獣医大学と比較しても遜色はありません。すなわち、日本の国公立獣医大学は小規模な学校があちこちにたくさんあるということになります。規模が小さいほうが行き届いた教育ができると思われるかもしれませんが、それは充分な数の教員が配置され、かつ充実した設備があっていえることです。残念ながら、日本の各獣医大学における教員数はけっして満足がいくものではありません。教育の効率を考えると、ある程度の規模が必要です。

表 2-1　日本の獣医大学。

大　学	学部 学科	学生定員	専任教員数	備　考
北海道大学	獣医学部獣医学科	40	46	帯広畜大と共同教育課程
帯広畜産大学	畜産学部獣医学科	40	40	北大と共同教育課程
岩手大学	農学部共同獣医学科	30	31	農工大と共同学科
東京大学	農学部獣医学課程獣医学専修	30	40	
東京農工大学	農学部共同獣医学科	35	29	岩手大と共同学科
岐阜大学	応用生物科学部共同獣医学科	30	31	鳥取大と共同学科
鳥取大学	農学部共同獣医学科	35	32	岐阜大と共同学科
山口大学	共同獣医学部	30	27	鹿児島大と共同学部
宮崎大学	農学部獣医学科	30	26	
鹿児島大学	共同獣医学部	30	26	山口大と共同学部
大阪府立大学	生命環境科学部獣医学科	40	53	
酪農学園大学	獣医学部獣医学科	120	54	
北里大学	獣医学部獣医学科	120	53	
日本獣医生命科学大学	獣医学部獣医学科	80	60	
麻布大学	獣医学部獣医学科	120	54	
日本大学	生物資源科学部獣医学科	120	41	
岡山理科大学	獣医学部獣医学科	140	73	2018年新設

最近5年ほどの間に、わが国の獣医学学部教育、すなわち獣医師養成教育は劇的な変化を遂げています。欧米並みの教育内容、教育環境を達成するため、① 共通コア・カリキュラムと ② 共用試験と参加型臨床実習を実施し、③ いくつかの国立大学では共同獣医学教育課程（共同獣医学部や共同獣医学科を含む）を設置、そして ④ 大学基準協会による獣医学教育の評価を始めました。これまでは各大学の裁量で行われていた授業や実習の内容について全国的に統一した共通コア・カリキュラムが作成され、それに準拠した科目ごとの教科書も編集されました。学生がこのコア・カリキュラムの内容をきちんと理解しているかを判断するための共用試験が4年生の後半から5年生の前半にかけて行われています。共用試験に合格すると、実際に飼い主がいる動物を用いて行う臨床実習に参加することができます。この実習に参加する条件は、共用試験に合格し

ていることに加えて、飼い主の許可を得ること、必ず獣医師が付き添うこと、動物への侵襲度が低い処置のみを行うこととなっています。また、獣医大学の規模を大きくするために、2つの獣医大学が一緒になって学生の教育を行う共同教育システムも始まりました。北海道大学と帯広畜産大学は獣医学共同教育課程を、山口大学と鹿児島大学は共同獣医学部を、岩手大学と東京農工大学、岐阜大学と鳥取大学はそれぞれ共同獣医学科を設立し、欧米並みの獣医学教育を目指しています。とくに北海道大学と帯広畜産大学の共同獣医学教育課程および山口大学と鹿児島大学の共同獣医学部は、積極的に教育改革を行い、ヨーロッパにおける獣医大学の質を判定する評価（EAEVE評価）を近々受審することになっています。ぜひ認定されて、日本の獣医学教育のレベルアップに貢献してほしいものです。さらに、日本でも獣医大学の質評価が始まりました。策定されたコア・カリキュラムをきちんと実施しているか、教員数、教員と学生の比率、施設、設備などが評価基準を上回っているかについて、大学基準協会（自立的な大学の認証評価機関で現在正会員大学は337校）が評価し、その基準が満たされていると判断されれば「適合」と認定されます。このように日本の各獣医大学は教育改革に邁進しています。

また、各大学では、いわゆる3つのポリシー、すなわちアドミッションポリシー、カリキュラムポリシーおよびディプロマーポリシーを制定し、カリキュラムマップを作成して、学生の学習や進路選択をサポートしています。アドミッションポリシーにはどのような学生に入学してほしいか、カリキュラムポリシーにはどのような教育を行うか、そしてディプロマーポリシーにはどのような卒業生を輩出するのかがそれぞれ定められています。これらのポリシーを見ることで各大学の教育方針を知ることができます。各大学はそれぞれの特徴を生かしたポリシーを制定しています。ちなみに東京大学農学部獣医学専修の教育ポリシーは「国際的な獣医学リーダー育成」です。

2.3 獣医師国家試験

日本では獣医師は国家資格です。毎年1回2月の中旬に獣医師国家試験が行われます。獣医師国家試験を管轄するのは農林水産省です。医師、歯科医師、薬剤師、看護師の資格を取得する際にも国家試験に合格しなければなりませんが、これらを管轄しているのは厚生労働省です。獣医師国家試験の受験資格は、願書出願時点で、① 国内の獣医大学（6 年制の正規課程）を卒業しているかまたは卒業見込みの者、② 外国の獣医学校を卒業あるいは外国の獣医師免許を取得し、獣医事審議会が認めた者、または ③ 獣医師国家試験予備試験に合格した者です。獣医師国家試験に合格し、農林水産省に登録されると晴れて「獣医師（Veterinary Doctor）」を名乗ることができます。獣医師国家試験の合格率は、年によって多少の違いがありますが、だいたい 80% 程度です。全国の獣医大学の定員は 1 年あたり 930 名（2019 年 3 月）ですが、これに卒業が遅れた学生、再受験生を加えると、受験者は毎年 1200 名から 1300 名です。合格者はこの 80% ですので、毎年約 1000 名の獣医師が新たに誕生していることになります。

多くの獣医大学で、6 年生は遅くても 12 月初めには卒業論文を提出し、ほとんどの単位を取得しています。年末には国家試験の勉強を本格的に始め、年が明けて 2 月中旬の国家試験までがラストスパートです。獣医師国家試験の問題は全部で 330 問、2 日間かけて行われます。写真を用いた問題も含まれます。試験後 2 週間ほどで合格発表がありますが、いつものことながら悲喜こもごもです。国家試験に合格しても、心身の障害を持つ者、麻薬・大麻・あへんの中毒者、罰金以上の刑に処せられた者、さらには獣医師道に対する重大な背反行為や獣医事に関する不正の行為があった者、著しく徳性を欠くことが明らかな者には免許が与えられない場合があります（獣医師法第 5 条）。獣医師になろうとする者は、学生のときにも品行方正が求められているのです。「獣医師」という国家資格を目指す学生諸君は、こうしたことをつねに念頭に置いて勉学に励まなければなりません。

2.4 日本の獣医師、海外の獣医師

2016 年に行われた農林水産省の調査によると、日本の獣医師数は 3 万 8985 人です（表 2-2）。このうち、犬や猫などの小動物獣医師が 39.3 パーセントともっとも多く、公衆衛生などにかかわる公務員獣医師 24.2 パーセント、牛や豚などの産業動物獣医師 10.4 パーセントと続きます。私のような大学の教員は「その他の分野」に分類されます。最近の動向として小動物診療獣医師が若干減っています。個人病院の数がほぼ飽和に達したことに加えて、ここ数年来の

表 2-2　わが国の獣医師数と職域の状況。獣医師法第 22 条の届け出（2016 年 12 月 31 日現在）による。農林水産省資料より。

（単位：人）

届出者総数				38,985
獣医事に従事するもの	獣医事に従事する総数			34,536
獣医事に従事するもの	国家公務員		計	537
	国家公務員	農林畜産	小計	308
		農林畜産	行政機関	123
		農林畜産	試験研究機関	0
		農林畜産	検査指導機関	185
		公衆衛生	小計	158
		公衆衛生	行政機関	47
		公衆衛生	試験研究機関	82
		公衆衛生	検査指導機関	29
		環境		8
		その他		63
	都道府県職員		計	6,997
		農林畜産	小計	3,045
		農林畜産	行政機関	420
		農林畜産	家畜保健衛生所	2,201
		農林畜産	試験研究機関	321
		農林畜産	その他	103
		公衆衛生	小計	3,750
		公衆衛生	行政機関	357
		公衆衛生	保健所等	1,506
		公衆衛生	試験研究機関	123
		公衆衛生	食肉衛生検査センター、食品衛生検査所	1,575
		公衆衛生	その他	189
		教育公務員		37
		環境		97
		その他		68
	市町村職員		計	1,887
		農林畜産	小計	127
		農林畜産	行政機関	56
		農林畜産	家畜診療所	71
		公衆衛生	小計	1,522
		公衆衛生	行政機関	69
		公衆衛生	保健所等	859
		公衆衛生	食肉衛生検査センター、食品衛生検査所	473
		公衆衛生	その他	121
		教育公務員		2
		環境		52
		その他		184
	民間団体職員		計	7,684
		農業協同組合	小計	284
		農業協同組合	診療	169
		農業協同組合	その他	115
		農業共済団体	小計	1,895
		農業共済団体	診療	1,712
		農業共済団体	その他	183
		製薬・飼料等企業	小計	2,471
		製薬・飼料等企業	試験研究	182
		製薬・飼料等企業	診療	228
		製薬・飼料等企業	製薬	982
		製薬・飼料等企業	飼料	138
		製薬・飼料等企業	その他	941
		独立行政法人	小計	1,014
		独立行政法人	大学	774
		独立行政法人	その他	240
		競馬関係団体		223
		私立学校		662
		社団・財団法人		857
		その他		278
	個人診療施設		計	17,330
		産業動物	小計	1,867
		産業動物	開設者	1,547
		産業動物	被雇用者	320
		犬猫	小計	15,330
		犬猫	開設者	8,336
		犬猫	被雇用者	6,994
		その他	小計	133
		その他	開設者	25
		その他	被雇用者	108
	その他			101
獣医事に従事しないもの				4,449

注：平成 28 年 12 月 31 日

犬の飼育頭数減少も影響していると思われます。一方、産業動物診療獣医師と公務員獣医師はわずかですが増加傾向にあります。問題であった職域の偏在が、少しずつですが解消の方向へと向かっているようです。産業動物獣医師や公務員獣医師の待遇改善を加速して、適正な職域バランスを実現したいものです。また、獣医事に従事していない獣医師免許保有者が 11.6 パーセントいます。このような獣医療非従事者の大半は女性で、結婚、出産、子育てなどのため離職し、復帰をためらっている者と思われます。さらに、この調査によると、20 代から 30 代の獣医師の約半数は女性です。また大学の獣医学生も半数は女性です。近い将来、多くの女性獣医師が重要な地位に就くであろうことは確実です。女性獣医師が能力を遺憾なく発揮できる就業環境の整備が必須です。

日本以外の国にももちろん獣医師は存在します。ただし、獣医師になるための制度は国により多少異なっているようです。ほとんどの国で専門の獣医学校あるいは大学を卒業し獣医師の免許取得のための試験に合格することで、獣医師になることができますが、獣医師教育の年限は 4 年間から 6 年間と幅があります。とくにアメリカでは通常、生物系の大学を卒業してから 4 年間の獣医大学に入学する場合が多いようです。海外にも、犬や猫を専門とする獣医師がいますし、牛や豚の獣医師もいます。公衆衛生を専門とする獣医師、私のように大学で研究や教育に携わる獣医師もいます。国際機関のひとつで、パリに本部がある国際獣疫事務局（World Organisation for Animal Health：通常は OIE と略します。これはフランス語の L'Office international des épizooties の略称です）は獣医師の免許を取得した日（Day 1）に知っておかなくてはならない知識を「Day 1 competency」として定め、各国の獣医学教育機関はこれをもとにしたカリキュラムを作成しています。今では世界中の多くの国で共通の獣医学カリキュラムが実施されるようになってきました。第 1 章 1.2 節の獣医学の歴史でも述べましたが、世界最古の獣医大学は 1762 年にフランスのリヨンで設立されました。また、2 番目の獣医大学（アルフォール獣医大学）はその 2 年後にパリに設立されたのです。OIE の本部がパリにあること、歴代の事務局長がフランス人であること、公用語が英語とフランス語であることなど、近代獣医学とフランスとのかかわりは今もなお深いようです。

2017 年の 9 月にリヨンで学会があり、現在は芸術大学になっているリヨン獣医大学の跡地を訪ねましたが、敷地はすべて鉄製の垣根で囲まれ、守衛所を通

図 2–1　世界最古のリヨン獣医大学跡地。現在は芸術大学になっている。フランス・リヨン市。

らないと中へは入れません（図 2–1）。はるばる日本からきた獣医大学の教員で世界初の獣医大学を見学にきたと守衛所で申しあげたのですが、不審者には厳格に対応するよういわれているのか、あるいは私たちのフランス語が拙いせいか、けっきょくキャンパス内には入れませんでした。帰路、パリでアルフォール獣医大学も訪ねたのですが、こちらもリヨンと同様、垣根や壁に囲まれ、やはり中には入れませんでした。夏休み中のため学生をほとんど見かけなかったので、学生に紛れての入構もかないませんでした。アルフォール獣医大学の学部長には前もって訪問したい旨メールしたのですが、残念ながら梨の礫でした。

さて、海外の獣医師です。私が知っている海外の獣医師は、獣医大学の先生がほとんどです。先に述べたように、獣医師養成教育と獣医師資格（獣医師免許）授与の制度は国によりさまざまです。また、発生する動物の病気も地域によって大きく異なっています。当然、世界中には玉石混交いろいろな獣医師がいます。大学勤務の獣医師に限ってもさまざまな人がいますが、だいたいは酒飲みで飲むほどに愉快になる連中です。欧米人は体が大きいので、いくら飲んでも取り乱すことはほとんどありませんが、われわれ日本人も含めアジア人は、もちろん例外もいますが、多くはアルコールに弱くすぐに寝てしまいます。昼食に40度の白酒でもてなしてくれた台湾の大学の教授がいましたが、一番たくさん飲んでいたのは、午後に重要な会議があるといっていた本人でした。私は午後の飛行機で十分な睡眠をとって帰国しましたが、彼は会議中に居眠りなどしなかったのでしょうか。この先生は極端な例ですが、私が学生だったころには日本の獣医大学にも似たような先生がいた記憶があります。今の日本では、そのような教員はほとんど絶滅してしまいました。

近年、世界を股にかけて活躍する日本人獣医師が増えてきました。その経緯にはいく通りかのパターンがあるようです。思いつく限りを紹介してみましょう。① 国際機関で働く獣医師――前述したOIEで働く獣医師は農林水産省からの出向が多いようです。公務員試験を受けて合格し、しばらく農林水産省に勤務した後に、東京のOIEアジア太平洋事務所あるいはパリのOIE本部で働いている獣医師がいます。② 欧米の大学で教員として働く獣医師――日本の大学を卒業して国家試験に合格し獣医師の資格を得た後、欧米の大学で数年間研修医として臨床や病理の経験を積み、試験に合格すると専門医の資格を得ることができます。多くは帰国しますが、そのまま残り専門医として教育にかかわっている人もいます。最近このパターンを希望する学生が、それも女子学生が増えているような気がします。③ 外資系の製薬会社などで働く獣医師――日本の国家試験に合格後、国内の製薬会社などに就職勤務し、その後海外企業に転職するというケースです。

いずれにしても、海外で活躍するにはある程度の英語の能力が必要不可欠です。最近は、獣医大学でも帰国子女の割合が増加していますが、英語が苦手と思い込んでいる学生もまだまだ多いようです。大学に入ってからでも遅くはありませんが、できれば中学、高校のころから英語の訓練をしたほうがよいと思います。基本的に語学の勉強に王道はありません。とにかくたくさん聴いてたくさん話し、たくさん読んでたくさん書くしかないと思います。私自身、学生時代からこのような訓練をもっと行っていれば、今英語で苦労することはなかったと後悔しています。30代の初めにアメリカで2年間過ごしましたし、英語の論文をたくさん読み書きしてきたので人並み以上に使いこなしているとは思いますが、発音不明瞭や早口の英語はなかなか聞き取れません。国際学会などで講演者がジョークをいっても聞き取れない場合が多々あり、まわりが笑っているのに理解できないという状況はなんとも歯がゆいものです。やはり、若いうちから慣れ親しむという態度が重要です。獣医学ばかりでなく、いろいろな分野で英語は必須です。将来の自分を思い描いて、なるべく早いうちに本格的に英語を勉強することをおすすめします。

2.5 第2章のまとめ

1. 獣医師になるためには、大学の獣医学教育課程を卒業し農林水産省が所管する獣医師国家試験に合格、獣医師名簿に登録されなければならない。
2. 日本には現在、国立10校、公立1校、私立6校の獣医大学があり、「獣医学教育モデル・コア・カリキュラム」にしたがって、共通の教育がなされているが、それぞれの大学に特徴的な教育も行われている。
3. 獣医師国家試験は毎年2月に行われ、合格率は80%前後である。
4. 現在、日本の獣医師は4万人弱で、小動物獣医師、公務員獣医師、産業動物獣医師として働いている。近年、国際的に活躍する日本人獣医師が増えてきた。

II

獣医学の現場から

3 ラクダとアルゼンチン

3.1 駱駝の瘤にまたがって

私にとって駱駝（ラクダ）ほどエキゾティシズムをかき立てる動物はいません。子どものころに聴いた加藤まさを作詞、佐々木すぐる作曲の童謡「月の沙漠」の歌詞、「月の沙漠をはるばると旅の駱駝が行きました」から想像する光景が脳裏に強く焼きついているためと思います。歌詞の4番には「朧にけぶる月の夜を対の駱駝はとぼとぼと」とあります。満月の夜、長く砂丘に延びる椰子の影の間を2頭のラクダが物憂げにゆっくり歩いている様がまざまざと目に浮かびます。作詞者は海外に行ったことがなく、国内の砂浜がそのイメージモデルになったということですが、これだけ想像をかき立てる歌詞を格調高く紡ぎ出すのはきっと優れた才能なのでしょう。

ラクダといえば、以前に病理解剖をしたことがあります。中央アジアのある国で誕生し、日本の動物園にやってきてから23年間飼育されていた雌のフタコブラクダでした。だんだん元気がなくなり、とうとう死んでしまったということで死因解明のため解剖を依頼されたのです。ラクダの解剖を行うにあたって確認したいことが2つありました。ひとつめはコブ（瘤）の中身です。昔からラクダのコブの中には水が満たされているという話がまことしやかにいわれ続けています。近年ではコブの中身は脂肪であることが一般的に理解されていますが、私自身実際に見たことはありませんでしたので、ちょうどよい機会とばかりコブを切って確認してみました。やはり脂肪でした。あたりまえといえばあたりまえなのですが、なんだかちょっと拍子抜けした感じでした。

話は変わりますが、フタコブラクダとヒトコブラクダは別種で、生息域もフタコブラクダは中央アジア、ヒトコブラクダは中東から北アフリカです。これら2種の雑種はできるのでしょうか。もし、できるとしたらコブの数はいったいいくつなのでしょうか。たとえば、雌馬と雄ロバには種間雑種ができ、「ラバ」と呼ばれていますし、雌ライオンと雄ヒョウの雑種は「レオポン」です。それぞれの親の特徴を部分部分で受け継いでいます。通常、雑種は屈強で性格も優れている（雑種強勢）とされていますが、不妊で次世代は生まれません。さて、ヒトコブラクダとフタコブラクダです。じつはこれも書物から得た知識なのですが、種間雑種ができます。興味津々のコブの数はというと、ひとつだそうです。授業でこの話をし、雑種のコブの数を学生にたずねたところ、1.5 という答えが返ってきました。どんなコブなのでしょうか。この雑種も雑種強勢を示し、丈夫で繁殖力が高いそうです。ラクダの雑種には繁殖能力があるのですね。

（「駱駝の瘤にまたがって」三好達治の詩の題名）

3.2 ラクダの赤血球

もうひとつの疑問は「ラクダの赤血球は楕円形である」というものです。じつは、海外で出版された獣医血液学の教科書にラクダの赤血球の写真が掲載されており、その形が楕円形だったのです。同じ哺乳類でありながら、円盤型の赤血球を持つほかの動物種と異なり、なぜ楕円形なのか、いつも気になっていました。これを機会とばかりさっそく血液を採取し、標本をつくって顕微鏡で観察してみました（図 3–1）。

赤血球は血液を構成する細胞で、人の場合、血液 1 マイクロリットル（1 マイクロリットルは 1 ミリリットルの 1000 分の 1）中に 400 万から 500 万個含まれていて、もっとも数が多い血液細胞です（ちなみに白血球は血液 1 ミリリットル中数千個です）が、動物の種類によってその数は異なります。脊椎動物の赤血球はヘモグロビンという赤い色素を含んでいるため赤く、血液の赤色も赤血球に由来します。呼吸で肺に取り込まれた酸素は赤血球中のヘモグロビンと結合し、全身にあまねく届けられます。赤血球の大きさは人で直径約 7 ミクロン（1 ミクロンは 1 ミリメートルの 1000 分の 1）、犬と猫も人と同じくらいです。これに対し、山羊や羊では小さく直径 3～4 ミクロン、牛と豚はそれらの中間で 5～6 ミクロンくらいです。また、ゾウの赤血球はやや大きく直径 9～10 ミクロンといわれています。鶏の赤血球は哺乳類より大きく、長径が約 11 ミクロンです。したがって、顕微鏡で動物の組織を観察し、赤血球が小さければ

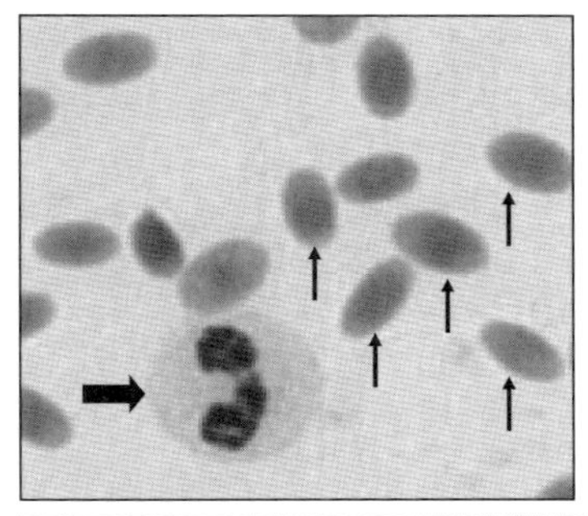

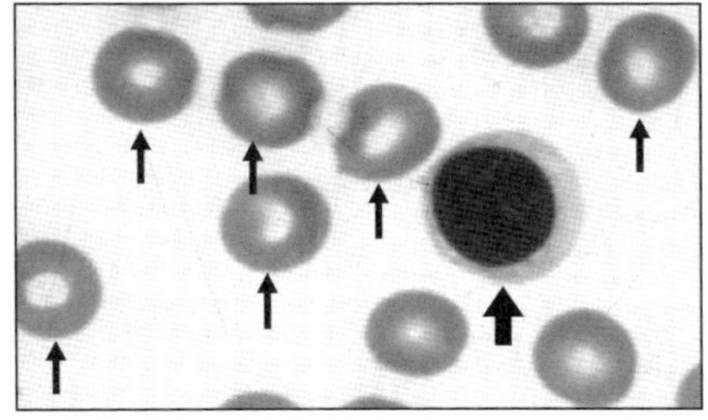

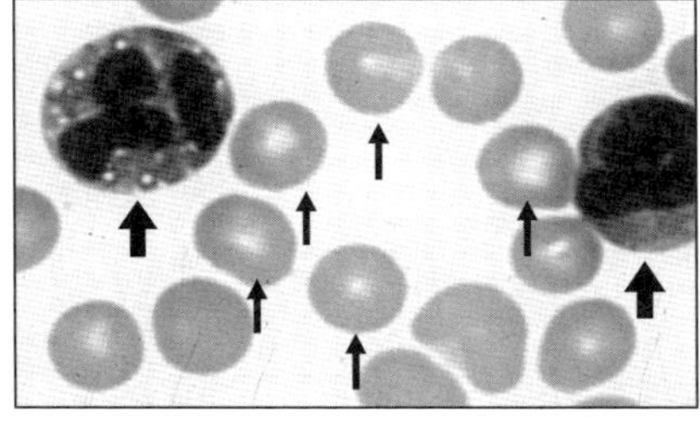

図3-1　上：フタコブラクダ赤血球の顕微鏡像（矢印）。太矢印は白血球の一種・好中球。下：左は人、右は犬の赤血球（矢印）。太矢印はリンパ球（左）と好中球（右）。

山羊または羊と判定できます。

赤血球の形は哺乳類では通常、円盤型で中央部がやや凹んでおり（図3-1下）、これによって表面積が大きくなり、より多くの酸素と結合することができます。ところが、ラクダ属（ヒトコブラクダとフタコブラクダ）では、その形は楕円形で平たく、まるで「へら」のようであると書物には書かれています。実際に、ラクダの赤血球はへら型でした（図3-1上）。中央が凹んだ円盤型も楕円形のへら型も表面積を大きくするための方策なのでしょうか。さらに、南米に生息するラクダの仲間、すなわち、ラマ、アルパカ、グアナコ、ビクーニャの赤血球も、私は実物を見たことがないのですが、楕円形扁平のへら型といわれています。南米アルゼンチンを訪問した際にラプラタ大学獣医学部の教員にきいたところ、これらの動物の赤血球もやはりラクダ属のそれと同様、楕円形扁平とのことでした。

通常、動物の細胞には遺伝子の本体であるDNAを含む核と呼ばれる構造があります。赤血球のもとになる細胞は赤芽球と呼ばれ、骨髄に存在し、核を持っています。鳥類、は虫類、両生類、魚類などの哺乳類以外の脊椎動物では、血液中の成熟赤血球にも核があります。そして、これら哺乳類以外の動物では、赤血球の形はラクダ属の赤血球と同じく楕円形扁平なのです。哺乳類の赤血球は、成熟し骨髄から出て血液中に入るころには核を失い無核となります。ただし重度の貧血などの場合、骨髄中の赤芽球が増えて血液中にも有核の赤芽球が出現しますが、これは異常な状態です。健康な哺乳類の末梢血赤血球は核を持ちません。フタコブラクダの血液標本を顕微鏡で観察した結果、赤血球の形は教科書のとおり楕円形扁平でした。もちろんほかの哺乳類と同様、核はありません。なぜラクダの赤血球は楕円形なのでしょうか。水のない砂漠に生息していることと関連があるのでしょうか。残念ながら、この疑問はまだ解決されていません。

ちょうどこのころ、恩師の藤原公策先生（東京大学名誉教授・故人）から、広辞苑の第5版、「赤血球」の項に「ラクダ以外の高等哺乳類では成熟途中で核を失う」とあるのだけれどほんとうにそうなのかと、問い合わせがありました。当時、藤原先生は東京大学の定年後に在職した日本大学を退職され、獣医学関係の月刊雑誌にコラムを連載しておられました。ある月の連載に動物の赤血球をトピックとして取り上げ、まずは広辞苑をひもといたところ、ラクダの赤血球に核があるという件の記述に出くわしたのでした。ちょうどフタコブラクダの赤血球の写真を撮影したばかりでしたので、藤原先生にはこの写真をお送りし、ラクダの赤血球には核がないこと、広辞苑の第5版の記述はまちがっていることをお伝えしました。先生が書かれたその月のコラムには、ラクダの赤血球はほかの哺乳類と異なり楕円形であること、そのため楕円形有核の鳥類やは虫類の赤血球と混同され、これを広辞苑の執筆者が信じたためにこのような誤記が生じたのであろうと書かれていました。「ラクダ以外の」という、広辞苑1冊およそ1400万字の中のたった6文字、まさに「九牛の一毛」にすぎないが、次回の改訂では削除を望む、と結んでいました。時は流れて、2008年に広辞苑は改訂され第6版が出版されました。藤原先生はその3年前にご逝去されていましたが、そのご希望にかなうように「九牛の一毛」が抜け落ちていました。

藤原先生が連載されていたコラムのタイトルは「走馬灯」でした。出版社から「回想めいた雑文」の執筆を依頼され、後進のためにささやかな回顧談を「走馬灯」の絵のように語れば、新しい世代の目にも新鮮に映るであろうと、連載を始めたということでした。その「走馬灯」の中に「赤い血、青い血、緑の血」

と題された血液の色について書かれた項があります。そもそも多くの動物で血が赤いのは赤血球に含まれるヘモグロビン（hemoglobin）という鉄を含む赤い色素のためです。hemo- は血液を表す接頭語、globin はタンパク質の一種です。ところがエビやカニなどの甲殻類では、鉄の代わりに銅を含むヘモシアニン（hemocyanin）という酸素と結合すると青くなる色素が、血球ではなく血液に含まれ、これによって酸素が運搬されます。cyan- というのは青を意味する語です。ヘモグロビンもヘモシアニンもポルフィリンというタンパク質の誘導体で、結合する金属が鉄か銅かという違いなのですが、この金属がマグネシウムに変わるとクロロフィルと呼ばれる化合物になります。いうまでもなく、植物で光合成に関する緑色の色素（葉緑素）です。藤原先生はこの項を終わるにあたり、「動物の呼吸色素と植物の緑について交差点で信号が変わるたびにあれこれ思い巡らしている」と結んでいます。信号なのに黄色がないと思われるかもしれませんが、次の項できちんと黄色についても述べています。いわく、「今回は交差点で緑と赤の間に瞬時介在する黄色灯に関連して想いを巡らす次第となった」とし、黄疸（jaundice, icterus）、黄色脂肪症（yellow fat disease）、黄色腫（xantoma）など、動物の病気のうち黄色に関連するものを解説しています。黄疸は赤血球の溶解や肝臓機能の低下によって起こり、全身が黄色くなる病気です。黄色脂肪症は脂肪の代謝異常によって生じ、全身の脂肪組織が黄色から褐色になる病気です。黄色腫は腫瘍ではなく、やはり脂肪の代謝異常によって生じ、皮下などに瘤ができる病気です。赤、青、黄と信号の3色がそろって、ようやく人心地つきました。

ラクダの赤血球に話を戻しましょう。4500種ほどといわれている哺乳類の中で、なぜラクダ科に属する6種類の動物のみが、楕円形の赤血球を持っているのでしょうか。いろいろと調べてみたのですが、けっきょくはまだわかっていないようです。砂漠のような乾燥した環境では脱水が起こりやすく、そのため血液が濃くなって細い毛細血管を通りにくくなったために、楕円形になったという記載を見つけました。それらしい理由ではありますが、きちんと証明されたわけではありません。ほかの哺乳類の赤血球は前述したように真ん中が薄い円盤型ですが、むしろこの形のほうが細い血管をよりスムーズに流れていくのではないかと思います。また、血液が濃くなったため赤血球膜の化学的構造がそれに適応し楕円形になったのかもしれません。しかしながら、いずれも推測にすぎません。今後の研究に期待したいと思います。

3.3 ラクダの仲間がすむアルゼンチンへの旅

現在、世界中にラクダの仲間は6種類生息しています。ラクダ属にヒトコブラクダ（*Camelus dromedarius*）とフタコブラクダ（野生種 *Camelus ferus* と家畜種 *Camelus bactrianus*）、ラマ属にラマ（*Lama glama*）とグアナコ（*Lama guanicoe*）、ビクーニャ属にビクーニャ（*Vicugna vicugna*）とアルパカ（*Vicugna pacos*）がいます。ヒトコブラクダは北アフリカから西アジア、フタコブラクダはアジアの乾燥地帯に、後4者は南アメリカに分布しています。ラクダの祖先はもともと北アメリカに生息していたのですが、分化しながらアジアと南アフリカに移動し、そこで現在の種類へと進化しました。北アメリカにいた祖先種は、理由はわかっていませんが、絶滅してしまいました。ラクダという場合は、通常はラクダ属のヒトコブラクダとフタコブラクダの2種を指し、やはり砂漠のイメージがついて回ります。いくらラクダの仲間といってもラマやアルパカに砂漠は似合いません。やはりラクダといえば、アラビアか北アフリカの砂漠を左右に荷物を振り分け列をなしてゆっくりと歩いている風景を思い浮かべますし、ラマやアルパカはアンデスの山道をあえぎあえぎ登っている様子が想像されます。ラマとアルパカは家畜化されており、グアナコが原種という説が一般的ですが、アルパカの原種はビクーニャという説もあるようです。ビクーニャとグアナコは野生種ですが、前者はアンデスの高地に、後者はアンデスからパタゴニアまで広く生息しています。20年ほど前にアルゼンチンを訪れたおり、パタゴニア北部の乾燥した海辺の草地でグアナコを見ることができました。

このとき、1991年の春の南米アルゼンチンへの訪問は、なんと私にとって2回目の海外旅行でした。今では信じられないかもしれませんが、最初の海外渡航が2年間のアメリカ留学で、二度目の海外が地球の裏側だったのです。今はもう廃止になっていますが、当時はリオデジャネイロまでバリグ・ブラジル航空の直行便があり（といってもロサンゼルスで給油しましたが）、ここで乗り継いでブエノスアイレスまで都合33時間ほどの旅でした。アルゼンチンを中核として南米各国の獣医学研究を支援する国際協力事業団（現在は国際協力機構JICA）のプロジェクトが進んでおり、その獣医病理学専門家として訪問したのでした。このときの行き帰りはひとり旅でしたので、スペイン語もポルトガル語もおぼつかない身にとって、リオデジャネイロでの深夜の乗り換えは心細いものでした。治安が悪いといわれていたブラジルで、いくら空港の中とはいえ、薄暗い待合室でただひとりブエノスアイレス行きの飛行機を待つのはあまりいい気持ちではありませんでした。このときは3ヶ月間滞在し、免疫染色や電子顕微鏡技術の移転、南米ならではの動物の病気の標本収集などを行いました。その後、1996年と2005年にもそれぞれ1ヶ月間と2週間訪問することができたのですが、いい意味でのこの国のいい加減さに夢中になってしまいました。約束した時間には相当遅れるのですが、必ずやってきますし、できそうもないことをできるというのですが、一応努力はするのです。まさにラテン気質そのものでした。しかし、みんな人柄はよく、依頼したことはとりあえず一生懸命やってくれるのでした。アルゼンチンは世界的な畜産国で獣医学研究の材料に事欠きませんし、また南北に細長いため生息する野生動物も多様で、獣医師としてじつに興味をそそられる国なのでした。首都ブエノスアイレスから50キロメートルほど南東にラプラタという町があります。ブエノスアイレス州の州都で、人口は約50万人、ラプラタ大学を中心とした大学町です。アルゼンチン滞在時には、このラプラタ大学獣医学部を拠点に活動していました。

ある週末に、ラプラタから350キロメートル南にあるマル・デル・プラタというアルゼンチン随一のリゾート都市に出かけました。港で繁殖しているオタリアを見るための旅行です。オタリアは南米にのみ生息するアシカやトドの仲間で、現地ではスペイン語でロボ・マリノ（Lobo marino；海の狼）と呼ばれています。オタリアがいる桟橋に近づくと、えもいわれぬ悪臭が漂ってきました。魚が主食のオタリアの糞のにおいです。鼻を押さえながらさらに近づくと、ひときわ巨大な個体が体をくねらせて威嚇してきました。オレンジ色のたてがみが立派な雄の個体です。半分くらいの大きさの雌とさらに小さい黒い体色の子どもたちがまわりを取り巻いています。強い1頭の雄を中心にハーレムをつくっているのです。以前、アメリカ留学の帰途に西海岸のモントレーを訪れ、野生のカリフォルニア・アシカやラッコを堪能しましたが、オタリアの迫力の比ではありません。ラプラタへの帰り道に、マル・デ・アホ（Mar de Ajo）という小さな海辺の町に立ち寄りました（図3-2）。スペイン語では「ニンニクの海」という意味の名前なのですが、日本語的に読むと「まるで阿呆」になってしまい

図 3-2　マル・デ・アホ（Mar de Ajo）の街並み。

ます。町の広場にある町名の看板の前で記念写真を撮りました。ちなみに日本に滞在したことがあるラプラタ大学のとある先生は、マル・デ・バカ（Mar de Vaca；雄牛の海）という町もあるよ、と教えてくれましたが、こちらはどうも眉唾のようです。

二度目の訪問時にはパタゴニアを訪れました。空港があるトレレウという町でツアーバスに乗りました。バルデス半島でゾウアザラシとザトウクジラ、プンタトンボでマゼランペンギンを見るのが目的です。強風吹き荒れるパタゴニア草原の一本道を相当なスピードで駆け、たどり着いたのはバルデス半島の先端部の断崖の上でした。目を凝らすと崖の下の海岸に海獣の群れが見えました。崖を下りると、目の前には巨大なゾウアザラシの雄がゆったりと寝そべっています。かなり近づきましたが逃げません（図 3-3）。まわりにはふたまわりほど体が小さい雌と黒い色の子どもがたくさん転がっていました。南半球に生息するのはミナミゾウアザラシという種ですが、オタリアと同様、雄を中心にハーレムをつくります。ミナミゾウアザラシの雄はオタリアよりもさらに大きく、体重は約 2 トン、最大で 4 トンになる個体もあるそうです。次の日は 200 キロメートル近く南下して、プンタトンボというマゼランペンギンの繁殖地に向か

図3–3　ゾウアザラシのハーレム。

いました。駐車場でバスを降り保護区に入った途端、無数のペンギンが目に飛び込んできました。見渡す限りペンギンだらけです。灌木がまばらに生えている地面にたくさんの穴が掘られ、そのまわりをペンギンがよちよちと歩き回っています。海岸では海から戻ってくるペンギンとこれから海へ向かうペンギンが、まるで挨拶を交わすかのように首を上げ下げしてすれ違っています。最盛期にはなんと50万羽ものペンギンがここに集まるということです。巣穴は観察歩道のすぐ脇にもあり、その横にペンギンが立っています。近づいてもまったく逃げません。このパタゴニア旅行では大型の海獣とペンギンを堪能しました。プンタトンボからの帰り道、バスが故障し修理に時間がかかったため、町のホテルに着いたのは真夜中というアルゼンチンらしいおまけがつきました。

アルゼンチンの牧場を訪れると、ガウチョと呼ばれるカウボーイがもてなしてくれます。牛のあばら肉や内臓を遠火で焼いたものが赤ワインとともに供されます。小腸は中身が入ったままぶつ切りにして焼き、そのまま食べるのですが、私は血詰めソーセージと同様、ちょっと抵抗がありました。雨が多い季節になると牧場は湿地になり、リュウキュウヤナギあるいはルリヤナギ（*Solanum glaucophyllum*）というナス属の雑草が育ちます。淡い瑠璃色の可憐な花を咲か

図 3-4　左：リュウキュウヤナギ（*Solanum glaucophyllum*）。右上：リュウキュウヤナギの枯葉を食べた子牛。元気がない。右下：心臓の内膜にカルシウムが沈着する。

せますが、じつはこの植物の葉にはビタミン D3 誘導体が大量に含まれます。乾季になるとこの植物は枯れ、伸びてきた牧草の上に枯葉が堆積します。湿地が消え牛が牧草を食べにやってきますが、牧草と一緒にこのナス属植物の枯葉も食べてしまいます。その結果、牛はビタミン D 過剰症になり、心臓の内膜や大型血管の壁、肺などに石灰（カルシウム）が沈着します。発病した牛はしだいに元気がなくなり、やせ細り、とうとう死んでしまいます（図 3-4）。アルゼンチンでも最近は放牧をしないフィードロット飼育が増えているようですが、当時、大型の牧場では牛はつねに放牧され、出荷の際にのみガウチョと呼ばれるカウボーイが集めて回るという飼育がふつうでした。牛は牧場内を自由に移動するため人の管理がおよばず、このような植物中毒が起こってしまうのです。広大な牧場には、大型の野生鳥類も見られました。南米ダチョウとも呼ばれるレア（rhea）が食べものを探して歩いていたり、カンムリサケビドリ（southern screamer；現地語で Chaja）の群れが名前のとおり叫びながら舞い降りたりします。また、地面の灌木の陰に開いた穴からは鎧をまとったアルマジロが突然飛び出し、短い足で精一杯走って茂みの中に入っていきました。このように、ブエノスアイレスやラプラタのような都会に近い牧場でもいろいろな野生動物を見ることができました。アルゼンチンは南北に細長く、北は熱帯、南は寒帯に属しているため、さまざまな動物が生息しています。人間が近づいても逃げません。動物好きにはたまらない場所だと思います。

3.4 第3章のまとめ

1. ラクダの仲間（ラクダ科）には、ラクダ属としてヒトコブラクダ、フタコブラクダがアフリカ北部から中央アジアに、ラマ属としてラマ、グアナコ、ビクーニャ属としてアルパカ、ビクーニャが南米に生息している。
2. ラクダ科動物の赤血球は楕円形へら型である。ほかの哺乳類と同様、成熟赤血球には核がない。
3. アルゼンチンは畜産がさかんで、南北に細長いため野生動物の種類も多く、獣医師にとって興味が尽きない国である。

4 顕微鏡下の世界

4.1 組織病理学の歴史

私の机の上に1台の顕微鏡が置いてあります。オリンパス社製のBH-2です。オリンパスのウエブサイトを見るとこの機種のデビューは1980年、昭和55年です。私が当時4年制であった獣医学部教育を修了し、大学院の修士課程に進学した年です。その2年後の1982年に修士課程を修了し、助手として教員に採用されたのですが、確かこのときにこの顕微鏡を供与されたように記憶しています。以来35年間苦楽をともにしてきました。今でも充分使えるのですが、ランプが切れたときにもう換えが販売されていないため、使えなくなるのではないかと思っています。また、窓際のテーブルの上には、おそらく昭和初期に購入したと考えられるカール・ツアイス社製の重い顕微鏡が鎮座しています。こちらは反射鏡を備えた骨董品といってもよいもので、カビによるレンズのくもりがひどいのですが、なんとか標本の観察ができます。昭和の初期には、きっと顕微鏡はとんでもない貴重品だったと思います。顕微鏡で観察する標本（組織標本、組織スライドあるいはプレパラートといいます）も当時は作製する機会などほとんどなかったものと思います。きっと組織標本を作製するのに用いる試薬や機械はとても高価だったのでしょう。昭和初期といえば、忠犬ハチ公が死亡したのが昭和10（1935）年ですので、ひょっとするとハチ公の標本もこの顕微鏡で観察したのかもしれません。ちなみに当時、ハチ公の組織標本がつくられた形跡はありません。

世界で最初の顕微鏡は16世紀末にオランダで製作されたようですが、17世紀に入って、マルピーギ、フック、レーベンフックらが顕微鏡を用いて微生物や生物の体を観察し、これが組織学研究の端緒になりました。その後、病気にかかった人や動物の病変部から組織標本を作製し、顕微鏡で観察する手法が一般的になりました。病気を研究する「病理学」は紀元前の古代ギリシャの時代にヒポクラテスによって礎が確立され、紀元 2 世紀のギリシャおよびローマの医学者ガレノスにより「病気は臓器の異常によって起こる」という説が唱えられましたが、その後 14 世紀のルネサンス期まで病気の診断や治療において大きな進展はありませんでした。ヨーロッパではルネサンスによって文化や科学が花開き、かのレオナルド・ダ・ビンチによる人体解剖図の作製などを経て、前述した顕微鏡の発明へとつながっていくのです。このように、それまでは肉眼的観察のみで行われていた病気の研究が、顕微鏡の発明によってミクロのレベルにまで広がったのです。

19 世紀の半ば、ドイツ人、ウィルヒョウは顕微鏡を用いて数多くの病変を観察し、「すべての細胞は細胞から生じる」という説を唱え、病気の原因は細胞にあるという「細胞病理学」の概念を構築しました。今日、ウィルヒョウが近代病理学の祖といわれる所以です。ちなみに「病理学」とは、病気の原因や発生機序の解明により病気の診断を確定することを目的とする医学の一分野です。すなわち、細胞、組織、臓器を肉眼的に、または顕微鏡などを用いて検査し、病気の際にどのような変化を示すかについて研究する学問です。ウィルヒョウ以後、病理学は組織病理学として発展し、顕微鏡は病理学者の商売道具になりました。時はさらに下って 20 世紀の後半には、電子線を利用してさらにミクロな世界を観察する電子顕微鏡、抗原抗体反応を利用して組織標本上でタンパク質の局在を観察する免疫組織化学法（免疫染色）、DNA や RNA 断片の細胞内局在を調べる *in situ* ハイブリダイゼーション法など、さまざまな目的に対応した組織標本観察ができるようになりました。

現在では、顕微鏡下の組織画像をすべて高精細のイメージとして保存し、コンピューター上で再現するバーチャル・スライドが普及してきました。以前の組織スライドでは同じ標本はひとつしか作製できませんでした。学生向けの病理組織実習では組織スライド標本を顕微鏡で観察しますが、厳密にいえば 2 つとして同じ標本はありません。ところがバーチャル・スライドのシステムを使えば、同一のイメージを多数の観察者で共有できます。さらにインターネットを用いることで、遠隔地であってもイメージを共有できるのです。実物の組織標本や顕微鏡がなくてもコンピューターとインターネット環境さえあれば、世界中どこででも病理組織診断ができるのです。私が学生であった 40 年前とは隔世の感があります。今後、病理組織学はどのような方向に進んでいくのでしょう。とても楽しみにしています。

4.2 組織標本作製法

ここで顕微鏡組織標本のつくり方を簡単に述べておきましょう。人の場合も動物の場合も方法はまったく同じです。

病理解剖の際に、肉眼的に異常な臓器を取り出し、ホルマリン水（ホルマリンを10～20パーセント含む水溶液。ホルマリンはホルムアルデヒドの水溶液で市販のものはホルムアルデヒドを約35パーセント含んでいる）に漬けて保存します。生物の体はタンパク質を多く含むので柔らかく、また腐敗細菌などにより死後すぐに腐ってしまいます。ホルマリン水に漬けることでタンパク質が硬くなり、腐敗の進行も止まります。このような手順を「固定」、ホルマリン水など固定に用いる液体を「固定液」と呼びます。充分に固定されたら（すなわち充分に硬くなったら）、病変部分を取り出し（「切り出し」と呼びます）、水分を抜いてパラフィンを浸透させます。パラフィンとは常温では個体ですが、60度程度で液化する蝋（ろう）の1種です。水分を抜くには、臓器を初めに50パーセント程度のアルコールに漬け、だんだん濃度の高いアルコールに移していきます。最終的には溶けたパラフィンを浸み込ませ、冷蔵庫で冷やして固めます。果物を溶かしたゼリーに漬け、冷蔵庫で固めることを想像してください。固まったパラフィンをパラフィンブロックといいます。そして、特殊な機械を使って厚さが数ミクロン（1ミクロンは1000分の1ミリメートル）のシートにしていきます。このシートを「組織切片」、その過程を「薄切」と呼びます。組織切片をスライドグラスに貼りつけ、今度はトルエンやキシレンなどの有機溶媒の中に漬けてパラフィンを抜いていきます。水でよく洗い、次の染色の過程へと向かいます。

組織切片をそのまま顕微鏡で観察しても、なにがなんだかさっぱりわかりません。色をつけることでいろいろな部分の形や位置関係がはっきりとし、成分の違いにより異なる色に染め分けることも可能になります。この作業を「染色」といいます。染色に用いる色素は多数あり、それぞれ染める物質が決まっています。通常、どんな組織についても必ず行う染色法が、ヘマトキシリン・エオジン染色、略してHE染色です。今は多くの人が「エイチ・イー」と発音しますが、私が学生のころにはドイツ語式に「ハー・エー」と発音している年配の先生がいました。戦前は、獣医学も含め医学はドイツが先進国で、日本人研究者の多くが留学していたことの名残がこんなところにあったのです。さて、ヘマトキシリンという色素は青紫色で、DNAやRNAなどの核酸と結合しやすいため、細胞の核を染めます。これに対し、エオジンは桃赤色の色素でタンパク質と結合するため、細胞質を染めます。顕微鏡でHE染色標本を観察しスケッチする実習では、紫色とピンク色の色鉛筆の減り方が尋常ではありません。

HE染色以外にもさまざまな染色法が開発されてきました。ある特定の物質と結合する色素を用いることで、その物質の存在を証明することができます。たとえば、鉄を染めるベルリン・ブルー染色、カルシウムを染めるコッサ染色、脂肪を染めるオイル・レッド染色やズダン染色などがあります。また、特定の組織構造を染める染色法もあります。PAS染色は基底膜という構造を、PTAH染色は横紋筋の横紋を染めます。細菌や真菌（カビの仲間）を染めることもできます。結核菌を染めるにはチール・ネルゼン法という染色方法を用いますし、真菌類は前述したPAS染色やグロコット法という染色法で検出することができます。

1980年代には、前述した免疫組織化学法（免疫染色法）を用いて組織切片上で特定のタンパク質を検出できるようになりました。原理を簡単に説明します。まず、あるタンパク質に特異的に結合する抗体をつくり、目印をつけておきます。「特異的」というのは、一般的には「ある物事に備わっている特殊な性質」のことですが、「抗体の特異性」という場合は「ある抗原に対して例外なく1対1で結合する」という意味になります。たとえば、インスリンという膵臓から分泌されるタンパク質ホルモンがありますが、これに対する抗体を作製し色素などで目印をつけておきます。膵臓の組織切片とこの目印つき抗体を反応させると、この抗体はインスリンと例外なく1対1で「特異的」に結合し、インスリンが存在する部分に目印の色がつきます。これを顕微鏡で観察すればインスリンの存在と分布する場所を確認することができます。この免疫染色の手法を用いて、さまざまな検索が可能になりました。研究が大いにはかどっています。

4.3 ウイルス封入体の話

通常の顕微鏡は「光学顕微鏡」とも呼ばれ、人間の眼に見える波長の光（可視光）を用いていますが、その解像度には限界があり、1ミクロン以下の構造を観察することはできません。2000倍程度が拡大倍率の限界です。そこでもっと波長が短い電子線を用いた顕微鏡が開発されました。これが「電子顕微鏡」です。電子線は人間の眼では見えませんので、感光板にあて白黒の濃淡像として観察します。電子顕微鏡を使えば、1ミクロン以下の構造も観察できます。うまく調整すれば20万〜30万倍くらいの拡大倍率が可能です。

さて、インフルエンザや狂犬病はウイルスの感染によって起こる病気です。ウイルスは非常に小さい病原体で、ウイルス粒子1個の大きさは20〜200ナノメートル（1ナノメートルは1ミクロンの1000分の1、すなわち1ミリメートルの100万分の1）です。当然、光学顕微鏡で観察することはできず、電子顕微鏡の出番になります。ところが、ウイルス粒子もたくさん集まると光学顕微鏡で観察できるようになります。砂を床にばらまき、それを遠くから眺めた場合を想像してください。1粒1粒は見分けられませんが、砂をまとめて塊にすると容易に見つけられます。光学顕微鏡で観察できるウイルス粒子の塊を「ウイルス封入体」と呼びます。細胞質内のウイルス封入体を「細胞質内封入体」、核内のものを「核内封入体」といいます。ウイルスの種類によって細胞質内封入体をつくるもの、核内封入体をつくるもの、両方に封入体をつくるもの、封入体をつくらないものが決まっています。封入体がつくられる場所と封入体の色や形で、ある程度ウイルスの種類を特定できます。たとえば、狂犬病のウイルス封入体は神経細胞の細胞質内に形成され、HE染色標本ではピンク色に染まります。一方、犬の感染症であるジステンパーのウイルス封入体は核内と細胞質内に観察され、やはりピンク色です（図4-1）。また、前述した免疫染色を行ってそれぞれのウイルスに特異的なタンパク質を検出することもできます。インフルエンザや日本脳炎のウイルスは封入体をつくりません。このように顕微鏡下の世界では、細胞や構造物の形、色、場所などによりいろいろな病気を診断することができるのです。

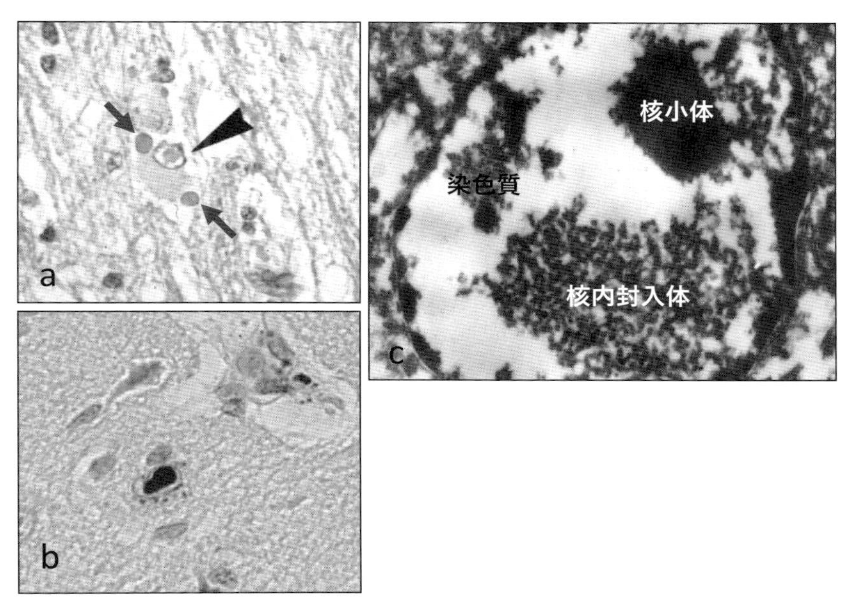

図4–1　ジステンパーウイルスの核内および細胞質内封入体。a：HE染色。神経細胞の中に核内封入体（矢頭）と細胞質内封入体（矢印）が見える。b：抗ジステンパーウイルス抗体を用いた免疫染色。黒く染まっているのが核内封入体。c：電子顕微鏡写真。神経細胞の核。核内封入体を構成する点状構造のひとつひとつがウイルス粒子。

4.4 溶けないタンパク質「アミロイド」

「アミロイド」とはなんでしょうか。英語で書くと「amyloid」です。「amyl-」とはデンプンのことです。そして「-oid」は、似てはいますが異なるものを表す接尾語です。「～もどき」あるいは「類～」といってもよいでしょう。したがって、アミロイドは「デンプンもどき」とか「類デンプン」と訳せますが、ふつうは日本語でもたんに「アミロイド」と呼んでいます。じつはアミロイドは、デンプンではなくタンパク質です。アミロイドが沈着した臓器にヨードチンキをかけると、茶色のヨードチンキが紫色になります。昔、小学生のころ行ったヨード反応の実験を思い出してください。パンや米などにヨードチンキをかけると紫色になりましたね。これがヨード反応で、デンプンの検出法として有名です。アミロイドはタンパク質なのですが、デンプンと同様、ヨード反応を示すので類デンプンと名づけられたのです。さてアミロイドですが、いろいろ

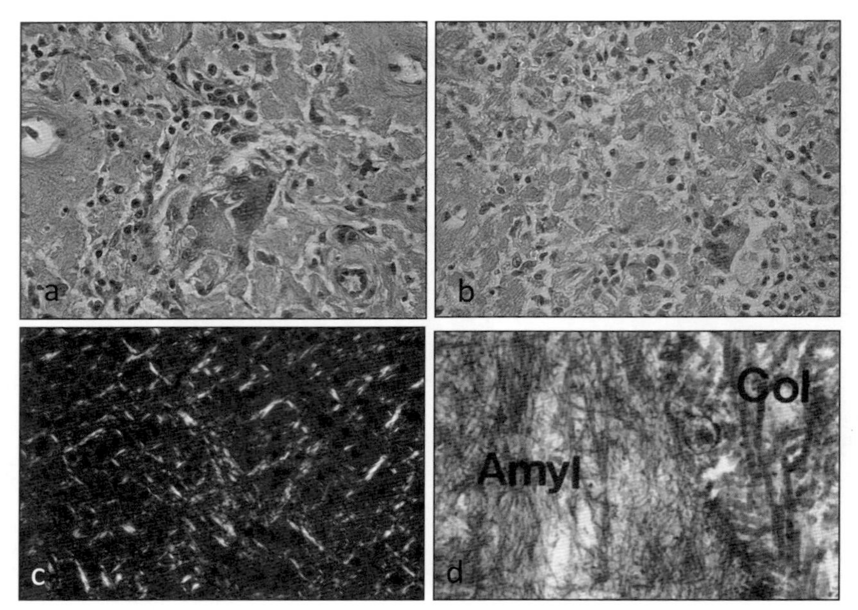

図 4–2　アミロイド症のコハクチョウの脾臓。a：HE 染色。ピンク色（写真の薄い灰色）の均一な構造がアミロイド沈着部分。b：コンゴ・レッド染色。アミロイドが淡い赤色（写真の薄い灰色）に染色されている。c：b の標本を偏光顕微鏡で観察するとアミロイドに一致して黄緑色（写真の白色）の二重屈折光が観察される。d：アミロイドの電子顕微鏡像。アミロイドは直径が約 10 ナノメートルの細線維状（Amyl）。右側に直径が約 100 ナノメートルのコラーゲン線維（Col）が見える。

なタンパク質の分子構造が変化し水に溶けにくくなった（不溶化した）ものの総称です。水に溶けないので、いろいろな臓器に沈着、蓄積し、傷害を起こします。この病気を「アミロイド症（amyloidosis）」といいます。アルツハイマー病患者の脳に沈着する β アミロイド、糖尿病患者の膵臓に沈着する膵島アミロイドタンパク質（IAPP）、肝臓や脾臓に沈着する AA アミロイド、さらにはプリオンのタンパク質もアミロイドとして知られています。

アミロイドの共通した特徴として、コンゴ・レッドという色素で赤く染色されること、コンゴ・レッド染色標本を偏光顕微鏡で観察すると黄緑色の光を放つこと、電子顕微鏡で観察すると直径約 10 ナノメートルの線維構造であることがあげられます（図 4–2）。つまり、このような病理組織学的特徴を示すタンパク質を一括して「アミロイド」と呼んでいるのです。タンパク質分子の構造を調べてみると、アミロイドタンパク質は β シート構造が特徴的です。この構造のために水に溶けず、コンゴ・レッド色素との親和性が高く（染まりやすく）

なっているのです。このようにタンパク質が分子構造変化を起こしβシート化することでアミロイドが形成されますが、これをタンパク質の老化と考えてみてはいかがでしょうか。この話題については、後ほど「第9章　老化の進化」でくわしく述べたいと思います。

さて、前述したようにアミロイドはいろいろな変性タンパク質の総称で、水に溶けないため体のさまざまな場所に沈着、蓄積し、障害・傷害を引き起こします。第7章で詳述しますが、アルツハイマー病の患者さんの脳に蓄積するアミロイドβの場合、アミロイド前駆体タンパク質（APP）というタンパク質が異常分解されることで産生され、大脳皮質や記憶を司る海馬に沈着して、最終的に神経細胞が脱落し、認知症を起こします。まだよくわかっていないのですが、おそらくAPPには、人も含め動物が若いときに神経の成長、保護などにおいて重要な機能があると考えられています。そのAPPが加齢により異常分解されてできるのがアミロイドβです。一方、免疫に関与する抗体の分子は重鎖と軽鎖からなっていますが、このうち軽鎖のタンパク質が異常になったものが、ALアミロイドで、抗体を過剰に産生する腫瘍（形質細胞腫）の病変部に蓄積します。体のどこかで炎症が長く続く場合、肝臓で血清アミロイドA（SAA）が過剰に産生され、これが変化してAAアミロイドになり、肝臓や脾臓に蓄積します。さらに、膵臓のランゲルハンス島（膵島）でつくられるインスリンの前駆体タンパク質が変化し、インスリンアミロイドとして膵島に沈着します。糖尿病の患者、動物でも観察される変化です。このアミロイドの沈着は糖尿を示さない老齢猫でもしばしば見られますが、その理由はいまだ不明です。

クロイツフェルト・ヤコブ病、羊のスクレーピー、牛海綿状脳症（BSE、いわゆる狂牛病）などのプリオン病でも脳にアミロイドが蓄積します。正常のプリオンタンパク質は神経細胞の接着に関係していると考えられていますが、これが変化した異常プリオンは不溶性で脳に蓄積し周囲の組織を傷害し、独特の神経症状を起こします。異常プリオンタンパク質もアミロイドの特徴を備えています。さらに興味深いのは、異常プリオンタンパク質は正常プリオンタンパク質を異常型に変えてしまうということです。そのメカニズムはまだよくわかっていませんが、正常な動物が食べた異常プリオンタンパク質が脳に到達し正常プリオンタンパク質を異常型に変化させる、このようにしてプリオン病が伝達していくのです。細菌やウイルスなどの感染体による伝染とは異なる病気の伝達機構の詳細解明が待たれます。

4.5 反転の生物学

大学では最近「反転授業」という言葉をしばしば耳にします。たとえば、学生にあらかじめ教科書を読んで予習してもらい、授業ではその内容について教員と学生あるいは学生どうしで議論し問題の解決を図るという授業形態です。ここではその良し悪しは論じませんが、従来の常識的手法をひっくり返した新しい試みとして注目されています。さて、獣医学あるいは生物学の世界でも反転の例をあげることができます。いくつかご紹介しましょう。

哺乳類の皮膚を顕微鏡で観察すると、外側から表皮、真皮、皮下組織の順で層構造をなしています。表皮の表面は角質で覆われ、真皮は強靭な結合組織からなっています。皮膚は外界のさまざまな刺激から体を守る重要な臓器です。被毛、汗腺、皮脂腺などの付属組織の機能も加えて生体の防御を担っています。一方、多くの魚類の皮膚は鱗（うろこ）で覆われています。魚類の鱗は真皮の中にできた骨様の構造体（皮骨）で、それが表皮を被って外に突出したものです。これに対し、は虫類、鳥類、哺乳類の一部で観察される鱗は表皮の角質が厚くなって小片に分割されたもので、魚類の鱗とはまったく異なります。魚の鱗は真皮からなっているので、表皮と真皮が上下逆になった構造ということになります。まさに反転構造ですね。

さて、卵巣という臓器の構造についてお話ししたいと思います。卵巣は卵子をつくる組織で、雌動物のお腹の中にあります。哺乳類では通常、皮質と髄質という 2 つの層に分かれています。「皮質」は文字どおり表面の部分で、ここで卵子のもとになる細胞が発育し、卵細胞となって卵巣の外に飛び出します（排卵）。一方、卵巣の中心部は「髄質」と呼ばれ、硬く緻密な組織からなり、血管が豊富です。ところが、馬の卵巣は皮質と髄質が逆転しています。球形の卵巣の一部が陥凹し、皮質が内部に入り込んでいます。加えて髄質が外側を包み込むように進展し、皮質と髄質が反転した構造になっています。なぜ馬だけが反転しているのか、反転の理由や意義はなんなのか、まったくもってわかりません。ちなみに、馬の組織、臓器の構造で、その他の哺乳類と異なっているものとして以下の 2 つがあります。① 胆嚢がない。馬、シカ、ゾウ、ラットの肝臓には胆嚢がありません。② 右の腎臓がハート形である。哺乳類の腎臓は通常、左右同じ形でそら豆形ですが、馬の右腎はなぜかハート形です。肺や肝臓の切れ込みや分かれ方（分葉）あるいは歯の数は動物種によってそれぞれ異なっています。このような相違は進化の道筋を考えるとある程度は理解できますが、馬の胆嚢や腎臓のように、ある種の動物のみがその他多くの種と異なっている構造については説明のしようがありません。

「反転」ではありませんが、鶏の副腎では、皮質細胞と髄質細胞の小塊がモザイク状に分布しています。哺乳類の副腎では皮質と髄質が層に分かれていて、皮質にはステロイドホルモンを分泌する細胞が、髄質にはアドレナリンなどのカテコールアミンを分泌する細胞が分布しています。哺乳類と鳥類でなぜこのような違いが生じるのでしょうか。これも説明のしようがありません。副腎の組織構造の違いについては獣医解剖学の教科書にもきちんと書いてありますが、その理由を解明したという文献は見つかりません。

もうひとつ反転生物学の例をあげましょう。エキノコックスという寄生虫がいます。多包条虫とも呼ばれるサナダムシの仲間です。日本ではおもに北海道に分布し、成虫はキツネや犬の小腸に寄生します。キツネや犬は本来の寄生先であることから「終宿主」と呼ばれます。雄と雌のエキノコックスが交尾し生まれた卵は糞とともに排泄されて、草などに付着します。これをネズミの仲間が食べると、その体内で卵が孵化し子虫になり、おもに肝臓などに寄生します。多数の子虫が集まった袋状の塊をつくることから、この状態のエキノコックスを包虫と呼びます。ネズミ類は「中間宿主」です。まれですが、人も中間宿主になります。卵が付着した草の実を食べたり、汚染された沢の水を飲んだりすることで感染するのです。肝臓などに大きな嚢胞状の包虫体ができ、手術で摘出しないと命にかかわることもあるようです。さて、この包虫ですが、嚢胞壁の内側を顕微鏡で観察すると、「原頭節」と呼ばれる小さい虫体がたくさん見えます。包虫に感染したネズミを終宿主のキツネや犬が食べると、原頭節はこれら終宿主の小腸内で反転（翻転）し、成虫の頭部になります。子虫のうちは包虫嚢胞内で体の内側を外に向け栄養分を効率よく吸収し、終宿主内で成虫になる際に反転して本来の外側を外にすることで体内への異物の侵入を防いでいるのでしょうか。

生物の世界には、理由はよくわかりませんが、反転することで適応進化してきた例が思いのほかたくさんあるようです。こうした例外は獣医学を勉強する際には厄介で、私もかつて試験で悩まされました。なぜ馬の卵巣だけを特別に覚えなければならないのか、うらめしく思ったものです。しかし、形態が進化していくうえで「反転」という方策をとらざるをえなかった生物学的な理由があったに違いありません。その理由をあれこれ考えてみるのも一興です。

そういえば、顕微鏡下の世界もレンズを通過する光の性質により上下左右が反転しています。

4.6 第4章のまとめ

1. 16世紀末に顕微鏡が開発され、18世紀にウィルヒョウが顕微鏡で病変を観察し現在の組織病理学の基盤を築いた。
2. さまざまな染色法により組織標本（顕微鏡標本）上に存在する物質を特異的に検出することができる。
3. ウイルス粒子は小さすぎて光学顕微鏡では観察できないが、多数集まったものは「ウイルス封入体」と呼ばれ、光学顕微鏡でも観察できる。
4. 変性し不溶化したタンパク質を「アミロイド」と呼ぶ。アミロイドは体のいろいろな場所に沈着し病気を起こす。
5. 魚の鱗、馬の卵巣、エキノコックスの原頭節など反転構造を示す組織がある。

5 動物の腫瘍

5.1 腫瘍とはなにか

この章では、動物の「腫瘍」を取り上げます。「腫瘍」という語と「がん、癌」という語は医学的には異なりますが、一般的にはほぼ同義として使われているようです。それらの違いについては後ほど説明します。動物にも人と同様、腫瘍が発生します。動物種によって発生しやすい腫瘍の種類が異なっていますが、腫瘍の基本的な性状はどの動物でも同じです。これから述べる腫瘍についての説明は、人を含めどの動物種でもおおよそ同じであると考えてください。

「腫瘍」は、文字のとおり腫れもの、できものという意味です。英語では「tumor」といいますが、これも腫れものという意味です。「cancer」という語もありますが、これは蟹が語源です。腫瘍の見た目が蟹が足を広げたように見えることから、こう呼ばれるようになりました。英語で「cancer」という場合は悪性腫瘍の意味になります。また、科学的な用語として「neoplasm」あるいは「neoplasia」という語も使われています。「neo」は新しいという意味、「plasm」、「plasia」はつくられたものという意味ですので、「neoplasm」、「neoplasia」はいずれも「新生物」と訳されます。私たちの体に新たに生じたものなのです。また、後ほど説明しますが、腫瘍には良性腫瘍と悪性腫瘍があり、一般に後者を「がん」と呼んでいます。

「腫瘍」を定義すると「生体細胞の無秩序な自分勝手な増殖」ということになります。私たちの体を構成する細胞は、細胞どうしがつねに情報を交換し合いながら、さまざまな機能を果たしています。細胞の増殖は成長期、あるいは傷害を受けて再生するときなどに起こりますが、ほかの細胞からのいろいろな生体情報を受けて増え過ぎないように調節されています。ところが細胞の遺伝子に変化が起こって、増殖のアクセルが踏まれっぱなし、あるいはブレーキが効かなくなって、細胞が無秩序、自分勝手に増殖することがあります。これが腫瘍です。腫瘍化した細胞、とくに悪性腫瘍の細胞を顕微鏡で見てみると、言葉は悪いのですが、ほんとうに悪い面(つら)をしています。正常ならば均一でそろっている細胞の大きさ、形はそれぞれバラバラ、「核」という遺伝子を入れている部分も不ぞろいでゴツゴツしています。いかにも自分勝手、秩序にはしたがわず、まわりに迷惑ばかりかけている、そういう面の細胞になってしまうのです。

5.2 腫瘍の分類

前述したように、腫瘍には「良性腫瘍」と「悪性腫瘍」があります(表5–1、図5–1、図5–2)。腫瘍細胞の形やはたらきが正常細胞から離れていることを「異型性」といい、その度合いを「異型度」といいます。前節で述べた「悪い面」も異型度を測るひとつの基準です。「悪性腫瘍」を構成する悪性細胞は異型度が高く、さらにまわりの組織にどんどん入り込んでいきます。これを「浸潤」といいます。また、細胞分裂の速度が早く、通常とは比べものにならないスピードで増えていきます。悪性腫瘍の異型細胞には核分裂像が頻繁に認められます。増殖した異型細胞は血管やリンパ管の壁を破って中に入り込み、血流、リンパ流に乗って全身を回ります。どこか細い部分にひっかかって、そこでまた増殖し、新たな腫れもの(腫瘍)をつくります。これが「転移」と呼ばれる現象です。転移した腫瘍の部分を「転移巣」、もとの腫瘍の部分を「原発巣」といいます。原発巣や転移巣が脳、心臓、肺など生命維持に重要な臓器に生じると、これら臓器の機能不全が起こり、その個体は死亡してしまいます。また、悪性細胞は周囲に浸潤性に増殖しますので、腫瘍組織と周囲の正常組織との境界がはっきりしません。手術で悪性腫瘍を取り去ったと思っても、取り残している場合

表5–1　良性腫瘍と悪性腫瘍の性質の比較。良性腫瘍は摘出すれば治癒することが多いが、悪性腫瘍は再発や転移により病態が悪化することが多い。

	良性腫瘍	悪性腫瘍
発育形成	被包・膨脹性	浸潤性
発育速度	遅い	速い → 壊死／核分裂像多い
腫瘍細胞の異型度	低い	高い
再発・転移	なし	多い → 血管・リンパ管内
全身障害	軽度	重度

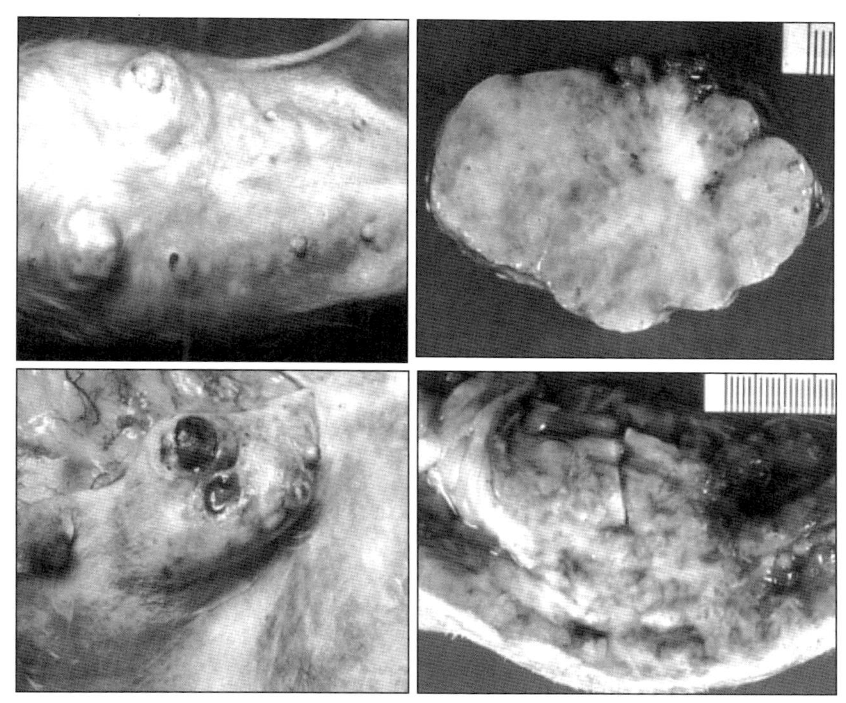

図5–1　犬の乳腺腫瘍。良性の乳腺腫（上）と悪性の乳腺癌（下）。良性腫瘍は周囲正常組織との境界が明瞭で切除しやすいが、悪性腫瘍ではがん細胞が周囲組織に浸潤するため、境界不明瞭で切除しても取り残すことがあり、再発しやすい。外観（左）と断面（右）。

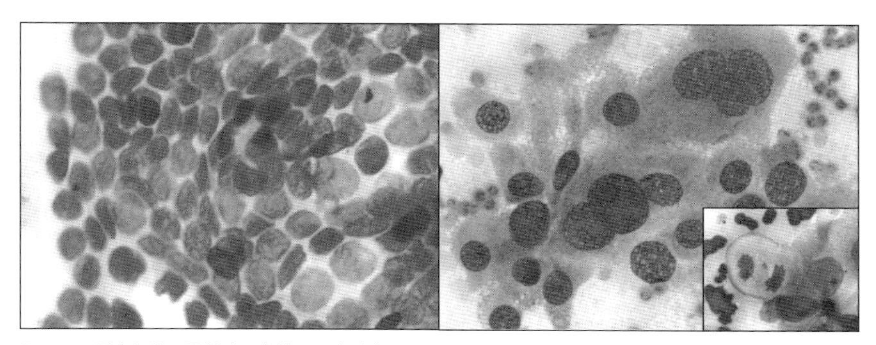

図5–2　腫瘍細胞の悪性度。良性の汗腺腫瘍であるアポクリン腺腫（左）と悪性のアポクリン腺癌（右）。良性細胞は形・大きさが均一で核小体が不明瞭、核クロマチンの分布も均一であるが、悪性細胞は大小不同、核の形はいびつで核小体が複数明瞭、核クロマチンの分布も不均一。挿入図は細胞分裂像。

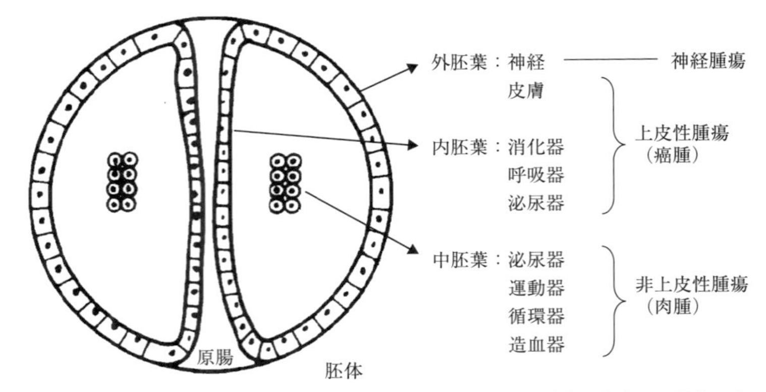

図 5-3　上皮性腫瘍（癌腫）と非上皮性腫瘍（肉腫）の区別。受精卵が生育して胚体になると、外側を覆う外胚葉、原腸を裏打ちする内胚葉、それらの中間部に中胚葉が形成される。それぞれの胚葉から組織がつくられる。外胚葉と内胚葉に由来する組織に発生する腫瘍を上皮性腫瘍（癌腫）、中胚葉由来組織に発生する腫瘍を非上皮性腫瘍（肉腫）と呼ぶ。

があります。そうするとしばらくしてから「再発」が起こります。今後の経過があまりよくないと考えられる場合、「予後が悪い」といいます。予後の良悪は腫瘍の治療に深くかかわることです。

これに対し、「良性腫瘍」では細胞の異型度はそれほど高くありません。そんなに悪い面ではないということです。さらに細胞増殖のスピードはゆるやかで、悪性腫瘍のようにまわりの組織に浸潤はせず、増殖細胞の塊が膨脹して大きくなっていきます。腫瘍細胞の塊は薄い膜をかぶっており、周囲の正常組織とははっきりと区画されています。手術できれいに取り去ることができるのです。再発や転移もなく、全身障害もほとんどありません。予後がよい腫瘍です。

一方、腫瘍はその発生母地によって、「上皮性腫瘍」と「非上皮性腫瘍」とに分類されます（図 5-3）。卵子と精子が接合して受精卵になります。受精卵はすぐに分割を開始し、胚体と呼ばれるようになります。胚体には、①：表面を覆う細胞、②：真ん中に通っている管（原腸といいます）を裏打ちする細胞、および ③：① と ② の間に存在する細胞があり、それぞれ ① 外胚葉、② 内胚葉、③ 中胚葉と呼ばれています。外胚葉からは脳や脊髄の神経系と皮膚が、内胚葉からは肺、胃腸、肝臓、膵臓などが、中胚葉からは心臓、血管系、筋肉、骨などができてきます。外胚葉由来の皮膚と内胚葉由来の組織に発生する腫瘍を上皮性腫瘍といいます。要するに私たちの体の内側と外側を境界する部分から発生する腫瘍です。胃や腸の内腔、肺の中で空気が入っている部分、肝臓や膵臓のうち胆汁や消化酵素を分泌運搬する腺や管の内部は、じつはみんな体の外側です。上皮性腫瘍のうち悪性のものを「癌腫（carcinoma）」と呼びます。一方、中胚葉由来組織である血管系、筋肉、骨などはほんとうの意味で体の内側です。これらの組織から発生する腫瘍が非上皮性腫瘍です。非上皮性腫瘍のうち悪性のものを「肉腫（sarcoma）」と呼んでいます。

このように、「癌」というのは、医学的、獣医学的には悪性上皮性腫瘍を表す用語です。骨の癌とか筋肉の癌、血液の癌などの言葉を新聞や雑誌で見かけますが、医学的、獣医学的には正しくありません。癌は上皮性の悪性腫瘍ですから肝癌、肺癌、胃癌、皮膚癌というのは存在しますが、骨、筋肉、血液の腫瘍を癌とは呼びません。これらは非上皮性の腫瘍ですから、悪性の場合は骨肉腫、横紋筋肉腫、白血病という呼び方をします。ただし、新聞や雑誌などでは「骨がん」のように「癌」をひらがなで表記し、上皮性、非上皮性を問わず悪性腫瘍一般を指すこともあるようです。

5.3 腫瘍の原因

腫瘍はなぜ、そしてどのようにして生じるのでしょうか。

人も含めた哺乳動物の細胞にはさまざまな細胞増殖に関連した遺伝子があります。これらの遺伝子が制御されながら活性化することで細胞は必要なときに増殖し、充分増えたところで増殖をストップするのです。ところが、このような遺伝子がなんらかの原因で傷ついて変化し（変異といいます）、正常にはたらかなくなると、細胞増殖の制御が乱れ、細胞は自分勝手にどんどん増えて腫瘍化します。これらの細胞増殖に深くかかわる遺伝子のことを「がん遺伝子」または「がん原遺伝子」と呼びます。「がん遺伝子」を持っていると癌になってしまいそうですが、じつは私たちはみんな正常な「がん遺伝子」を持っています。初めにがん患者で見つけられたのでこのような名前がつけられたのですが、生存になくてはならない遺伝子なのです。「がん遺伝子」そのものではなく、「がん遺伝子が変異すること」で腫瘍が発生するのです。

また、「がん抑制遺伝子」という遺伝子もあります。がん遺伝子のはたらきは細胞増殖亢進であるのに対し、がん抑制遺伝子には細胞増殖を抑制するはたらきがあります。細胞増殖の過程において、ちょうどがん遺伝子がアクセル、がん抑制遺伝子がブレーキとしてはたらきます。つまり、がん遺伝子とがん抑制遺伝子が協力し合い、細胞増殖がじょうずに制御されているのです。また、ブレーキが壊れた車にたとえられるように、がん抑制遺伝子の変異によっても腫瘍が生じます。

私たちのまわりにはベンツピレン、アゾ色素などさまざまな発癌物質がありますが、これら物質への暴露によって、がん遺伝子やがん抑制遺伝子に傷がつき変異を起こします。ふつうは変異を修復する遺伝子がはたらいて、がん遺伝子やがん抑制遺伝子はもとに戻るのですが、修復遺伝子も変異している場合はもとには戻らず、細胞は無秩序に増殖し、やはり腫瘍が生じます。こうした遺伝子の変異は発癌物質ばかりでなく、紫外線、熱、放射線などの物理的な原因、腫瘍ウイルスへの感染などの生物学的な原因によっても起こります。また、遺伝性の腫瘍ではこれらの遺伝子の変異が親から子に遺伝するため、ふつうの人より腫瘍の発生する確率が高くなります。腫瘍を引き起こす原因は化学的、物理的、生物的とさまざまですが、いずれもがん遺伝子、がん抑制遺伝子、およびこれらの修復遺伝子の変異によって細胞増殖を制御できなくなって腫瘍が発生するのです。したがって、「腫瘍とは遺伝子の病気である」ということができます。ただし最近の研究では、エピジェネティクスと呼ばれる遺伝子修飾などの遺伝子変異以外の原因で腫瘍が発生する場合もあることがわかってきました。

5.4 人の腫瘍と動物の腫瘍

国立がん研究センターのホームページに掲載されている人のがん（腫瘍）死亡率の年次推移と国際比較によると、かつてわが国では胃癌による死亡率が男女ともずばぬけて高かったのですが、近年では大腸癌と肺癌、女性ではさらに乳癌と子宮癌の発生率、死亡率が上昇し、欧米と同じ傾向になりつつあります。この変化は欧米並みの高カロリー、高脂肪の食生活が原因と考えられています。また、スイスとロシアでは直腸・結腸癌による死亡がずばぬけて多く、韓国とロシアでは日本以上に胃癌が多いなど、世界の地域によっても腫瘍の発生、死亡状況に差があります。辛い食べものやアルコール度数の高い酒類の摂取が関係しているのかもしれません。

もちろん動物にも腫瘍は発生します。哺乳動物に発生する腫瘍は人の腫瘍と同じなのでしょうか。それとも動物種によって発生する腫瘍の種類が異なっているのでしょうか。牛や馬の腫瘍発生状況を見ると、眼や皮膚の腫瘍が圧倒的に多くなっています。人では眼の腫瘍はそんなに多いものではありません。眼や皮膚の腫瘍が多いことが牛、馬の特徴なのでしょうか。じつは現在飼育されている牛や馬は天寿を全うしていません。牛、豚、鶏などの動物はまだ若いうちに食肉用に屠殺されてしまいます。また、馬はわが国ではほとんどが競走馬で、走ることができなくなると安楽死の運命をたどります。これらの動物の多くは腫瘍が発生する年齢までは生きていないのです。したがって、この統計に現れている牛や馬で発生率が高い腫瘍は、比較的若い年齢に発生が多く、さらに飼育している人がすぐに気がつく皮膚や眼の腫瘍なのです。これをもって馬や牛の腫瘍発生状況と考えてはいけません。天寿を全うするまで飼育して調べればよいのですが、経済効率を考えるとなかなかそうはいきません。

これに対し、マウスやラットのような実験用動物は寿命が短く（3 年くらいです）、また飼育にお金がかからないので、天寿を全うするまで飼育して腫瘍の発生状況を調べることができます。ラットでは下垂体、副腎などホルモンをつくる内分泌臓器と精巣、乳腺における腫瘍の発生率が飛び抜けて高くなっています。この傾向はマウスでも同様です。寿命が短く多産なので、内分泌系臓器、精巣や乳腺など生殖にかかわる臓器で細胞の分裂・増殖が旺盛になり、そのためこれらの臓器でがん遺伝子の変異が起こりやすいのかもしれません。

私たちにもっともなじみ深い犬と猫の腫瘍の発生状況はどうなっているのでしょうか。少々古いのですが、図 5–4 は私たちの研究室で調べた犬と猫の腫瘍発生状況です。犬も猫も全腫瘍の 3 分の 1 は乳腺腫瘍です。皮膚腫瘍と同様、飼い主が気づきやすいということがあるのかもしれませんが、それを差し引いてもやはりもっとも発生が多い腫瘍だと考えてよいでしょう。犬では肛門周囲腺腫から脂肪組織の腫瘍まで、皮膚およびその付属組織の腫瘍がこれに続きます。皮膚付属組織とは汗や皮脂を分泌する腺、毛および毛穴などのことです。乳腺腫瘍と皮膚および皮膚付属組織の腫瘍で全腫瘍の 3 分の 2 を占めます。猫での腫瘍発生状況もほぼ同様ですが、犬に比べるとリンパ腫の発生が多いのが特徴です。猫のリンパ腫については後ほど解説します。

乳腺腫瘍には良性のものと悪性のものがあります。図 5–5 は犬と猫の乳腺腫

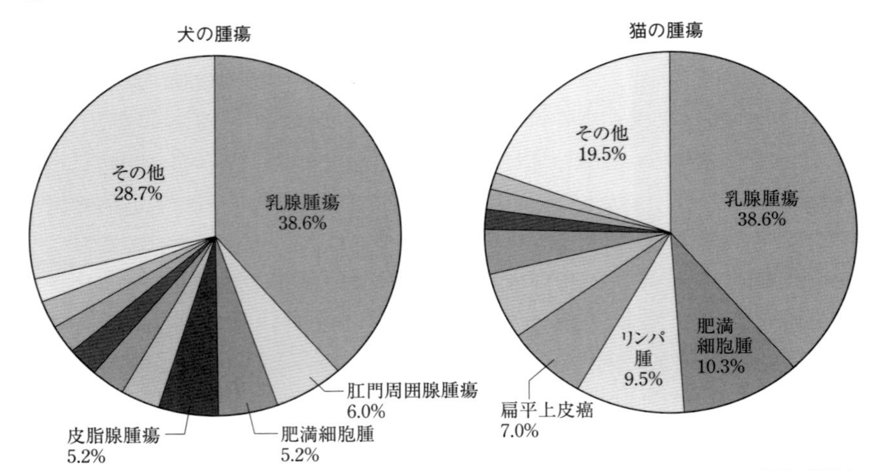

図 5–4　犬と猫の腫瘍発生割合。犬、猫ともに約３分の１は乳腺腫瘍。犬では肛門周囲腺腫と肥満細胞腫が、猫では肥満細胞腫とリンパ腫症が続く。東京大学獣医病理学研究室 1989〜1992 年。

瘍をタイプに分けたものです。犬では腺癌と悪性混合腫瘍とを合わせた「悪性腫瘍」と腺種と良性混合腫瘍とを合わせた「良性腫瘍」の割合がほぼ半分ずつですが、猫ではそのほとんどが悪性の腺癌です。同じ乳腺に生じる腫瘍でも、犬と猫とでその性質はずいぶん異なります。なぜ動物種によって悪性と良性の割合が異なるのか、まだわかっていません。7、8 歳を過ぎた猫に乳腺腫瘍ができたら、とにかくすぐに獣医さんに連れていき、できるだけ早く切除してもらってください。猫の乳腺癌は広がらないうちになるべく早く切除してしまうのが、今のところ一番の治療法です。

犬の乳腺腫瘍を顕微鏡で観察してみると軟骨組織をつくるものが多く見られます。このように乳腺細胞の増殖に加えて軟骨や骨の成分を含む乳腺腫瘍を乳腺混合腫瘍と呼びます。犬において混合腫瘍の発生率は全乳腺腫瘍の 40 パーセント以上にもなります。猫にも混合腫瘍はありますが、発生率は非常に低く、ほんの数パーセントにすぎません。同じ乳腺腫瘍でもその顕微鏡像は犬と猫とでかなり異なります。それでは、人の乳腺腫瘍の顕微鏡像はどうなっているのでしょう。人の乳腺腫瘍の顕微鏡像は犬よりも猫に似ていますが、悪性腫瘍の発生は猫ほど多くありません。軟骨や骨を形成する犬の乳腺腫瘍のほうが人や猫に比べて特殊なのだと思われます。

一方、白血球の一種であるリンパ球が異常増殖し、リンパ節や脾臓、皮膚な

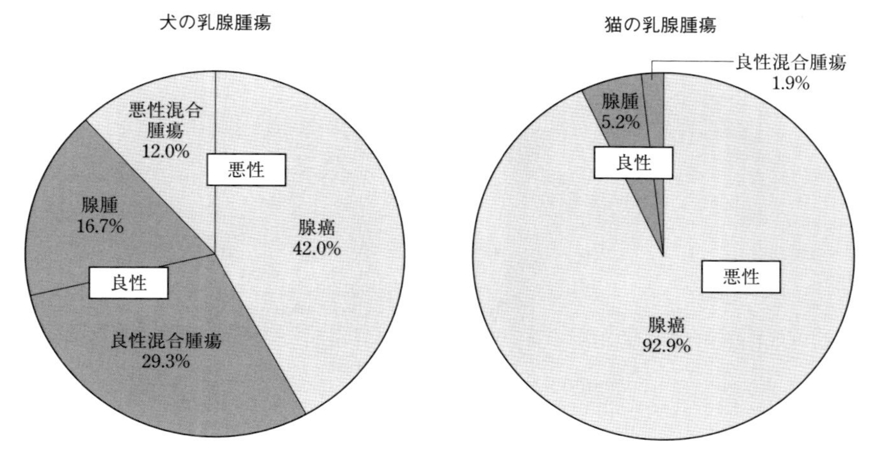

図5–5　犬と猫の乳腺腫瘍発生率。犬では約半数が悪性腫瘍であるが、猫ではほとんどが悪性腫瘍（乳腺癌）である。東京大学獣医病理学研究室 1989〜1992 年。

どに腫瘤をつくったものをリンパ腫と呼びます。猫ではリンパ腫の発生に「ネコ白血病ウイルス（FeLV）」の感染が関与しています。FeLV に感染した猫の唾液にはウイルスが含まれ、ケンカなどで噛み合うことによって感染が広がります。このウイルスに感染した猫のリンパ球では遺伝子が変異し、リンパ腫を生じるのです。このような理由で猫にはリンパ腫の発生が多いのだと思います（図5-4）。これに対し、犬には FeLV に相当するウイルスは見つかっていません。犬にもリンパ腫はありますが、ウイルス以外の原因で生じます。

また、犬と猫には「肥満細胞腫」という名前の腫瘍があります（図5-4、図5-6）。肥満細胞とはアレルギーに関連する細胞で、あるアレルゲン（花粉やダニの死骸などアレルギーを起こすもと）に対する抗体 IgE をその表面にくっつけています。体内に侵入したアレルゲンが肥満細胞の表面 IgE に結合すると、細胞の中に蓄えられていたヒスタミンなどの活性物質が細胞外に分泌されて、急激な血管の拡張を生じ、鼻水、くしゃみ、咳、かゆみなどのアレルギー症状を発生させます。この肥満細胞が増殖した腫瘍が肥満細胞腫です。肥満細胞の同定は簡単です。この細胞に含まれるヘパリンはある特別な色素で染色すると、その色素のもとの色とは異なる色に染色されます。これを異染性（metachromasia）といいます。実際には、トルイジンブルーという青い色素で肥満細胞を染めると赤紫色に染まります。トルイジンブルー染色を行うと、肥満細胞腫の病

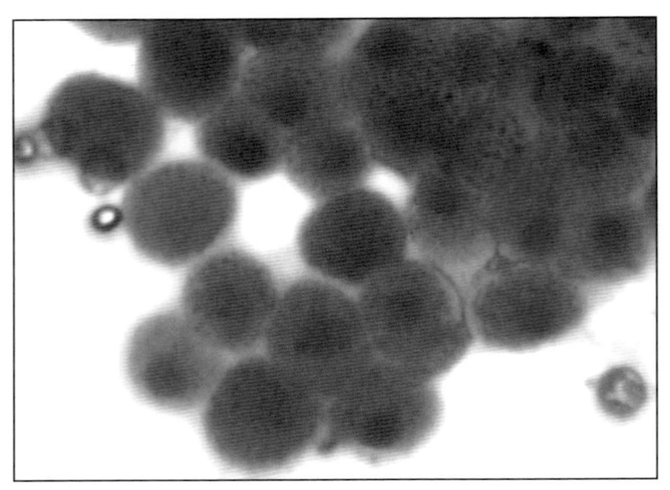

図 5-6　犬の皮膚に発生した肥満細胞腫の細胞。細胞質内にヒスタミンなどの細顆粒が充満している。犬や猫ではかなり多い腫瘍。この腫瘍は人でも発生するが、非常に少ない。

変部は赤紫色になります。肥満細胞は、犬や猫ばかりでなく人も含め哺乳類にふつうに存在しています。人でも花粉症やアトピーなどアレルギー性の病気がありますね。ところが、犬、猫に多い肥満細胞腫は人ではほとんど発生しません。先日、人のお医者さんと話をしていて、犬の肥満細胞腫のことが話題になりました。人ではめったにない腫瘍がなぜ犬や猫に多いのか、とても不思議がっていました。残念ながら、その理由はまだわかっていません。

5.5 伝染する腫瘍

2006 年、Nature 誌と Science 誌に衝撃的な論文が掲載されました。オーストラリア、タスマニア島にのみ生息するタスマニアン・デビルという有袋類の顔に腫瘍（デビル顔面腫瘍と呼ばれています）が発生し、これがなんと別の個体に伝染したというものです（図 5-7 右）。タスマニアン・デビルは、体長 50～60 センチメートル、体重は雄で 10～12 キログラム、雌は 6～8 キログラムほどで、寿命は 5～7 年とされています。絶滅危惧種に指定され、とくに近年個体数の減少が顕著です。雄は、なわばり争いや食物の奪い合いなどでほかの雄

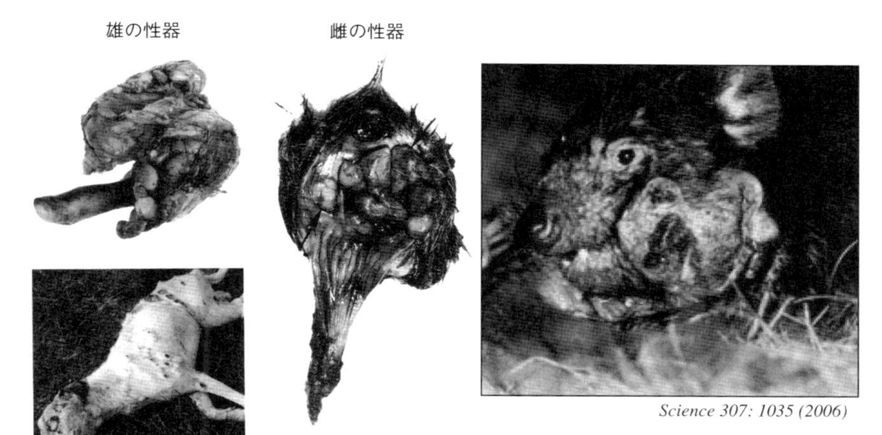

図5–7　タスマニアン・デビルの顔面腫瘍（右）と犬の可移植性性器肉腫（左）。いずれも腫瘍細胞そのものが伝染すると考えられている。

とケンカをしますが、その際にたがいに顔を噛み合います。片方の個体がこの腫瘍を有している場合、腫瘍を有していない他個体の傷口に腫瘍細胞が入り込み、新たな腫瘍病変がつくられます。こうして個体から個体へと腫瘍が伝染していくのです。1997年に最初の腫瘍例が見つかって以来、顔面腫瘍を罹患する個体数は増え続け、2004年には50頭以上に発生しました。多くの研究者が腫瘍ウイルスの分離を試みましたが、成功しませんでした。ところが、腫瘍細胞の染色体や遺伝子を調べた研究により、同じ細胞が別の個体に伝染していることが明らかになったのです。前述した猫のリンパ腫など腫瘍ウイルスにより伝染する腫瘍は人を含め多くの動物種に存在しますが、腫瘍細胞そのものが個体間を伝染することはありません。通常は同種であっても異個体の細胞が生体に侵入すると免疫機構により排除されてしまいます。ところが、デビル顔面腫瘍の細胞は宿主の免疫を逃れ、新たな個体で増殖することができるのです。絶滅危惧種に指定され、ただでさえ少ない個体数のタスマニアン・デビルに絶滅の危機が迫っています。

じつは、腫瘍細胞そのものが伝染する腫瘍がもうひとつあります。犬の可移植性性器肉腫（Canine Transmissible Venereal Tumor; CTVT）です（図5–7左）。名前のとおり、性器にできた腫瘍がおもに交尾により他個体に伝染します。性器以外の部分でも傷があるとそこに腫瘍細胞が侵入し、腫瘍をつくります。私が獣医学の学生だったころ、昭和50年代には東京でもこの腫瘍を見かけました。腫瘍細胞は丸く、細胞質に複数の小さな空胞を観察できるので診断は簡単でした。当時、少なくなったとはいえ、街中でもときどきは野良犬を見かけていたので、野良犬どうしの交尾もまだふつうのことだったのでしょう。この腫瘍が伝染して広まっていく状況がまだ存在していたのです。現在、日本の都会では野良犬はいませんし、犬の繁殖はほぼ100パーセントがブリーダーによって行われています。すなわち、犬の交尾が人間の制御下にあるのです。都会の大学に所属する私が可移植性性器肉腫に遭遇することはなくなり、記憶の引き出しも閉まったままでした。

ところが、2006年にCell誌に犬の可移植性性器肉腫に関する論文が掲載されました。Cell誌といえば、Nature誌やScience誌をも凌駕する高レベルの科学雑誌で、おもに細胞内の生化学的現象を扱っています。そんな雑誌に犬の腫瘍に関する論文が掲載されたのですから、いったいどんな内容なのだろうと高まる期待を抑えながらページを繰ったことを覚えています。この論文の研究内容は、世界各地から集めた可移植性性器肉腫の細胞およびさまざまな犬種の細胞からDNAを抽出し、それらの塩基配列を決定してたがいの近縁度を調べたものでした。その結果、可移植性性器肉腫の細胞の起源は、おそらく今から200年から2500年前にある1頭のオオカミまたはハスキー、マラミュート、バセンジなどオオカミに近い東アジア原産犬種の犬に発生した腫瘍の細胞で、時を超え個体を超えて現在まで延々と生き延びてきたものであることを明らかにしたのです。可移植性性器肉腫は先進国の都会ではもうほとんどなくなりましたが、野良犬が多い開発途上国ではまだまだ存在しています。この論文には時空の隔たりに想いを馳せる壮大な生物学的ロマンが詰まっていると私は思っています。こんな論文を書きたいものです。

これまで述べてきたように、腫瘍には動物の種により異なるものと、動物種によらず共通に観察されるものとがあります。また、同じ動物種でも生息する場所や時代によって発生する腫瘍の種類が異なります。犬や猫の腫瘍でも、人と同様に、日本ではほとんど発生しないのにほかの国で多く発生するものがありますし、栄養状態の改善や獣医療の進歩によって昔に比べて発生が減った腫瘍もあるのです。

5.6 第 5 章のまとめ

1. 多くの腫瘍はがん遺伝子、がん抑制遺伝子およびこれらの修復遺伝子の変異による「遺伝子病」である。
2. 腫瘍の発生状況、組織のタイプ、良性悪性の割合など、腫瘍の特徴には動物種間で共通する事項と異なる事項がある。
3. 同じ動物種でも生息地域、時代により発生する腫瘍の種類が異なることがある。

6 数字で表す病気

6.1 形態の数値化

病理学とは病気の成り立ちを研究する総合的な学問分野であると述べました。その基本となる形態病理学では、病変部の形、大きさ、色、質感などについて正常組織と比較することで病気を解析していきます。たとえば、肝臓に癌がある場合、肉眼的に病変部は周囲の正常な肝臓とは異なる色、質感の塊として観察されます。顕微鏡下でもがん細胞は正常の肝細胞とは異なる大きさ、形、染色性を示します。このような病変の形態的変化を数値で表すことができれば、そのデータはより客観的になります。病変を数値化し解析することが、すなわち「数理病理学」という分野なのです。「数理」とか「数学」と聞くと途端にアレルギーを起こす人がいるかもしれません。かくいう私もそのひとりで、大学入試以来数学に苦しめられてきました。しかし、ここで取り上げる数理病理学はそれほどむずかしくはありません。形を数値化するためのソフトウェアがありますので、それを使えばよいのです。出てきた数字を比較して考察するだけですので、数字アレルギーの私にも直感的に理解できます。

例として、良性と悪性の腫瘍細胞をそれぞれ数値で表してみましょう。良性腫瘍組織と悪性腫瘍組織それぞれの切口にスライドグラスをあて、細胞をガラス面に付着させます（細胞塗抹あるいは細胞スタンプといいます)。これを染色し、顕微鏡で観察、写真を撮ります。腫瘍細胞の写真を画像としてコンピューターで読み込み、この画像に対して「画像解析」を行います。画像解析を行うソフトウェアは無料でダウンロードできます。もっとも有名でよく使われている画像解析ソフトウェアが「NIH Image」です。これを用いることで、細胞の画像について面積、形、色合い、切り分けた各部分の割合などを瞬時にして数値化できるのです。私にもできるのですから、数字嫌い、数学嫌いの方でも大丈夫です。

図6-1を見てください。良性腫瘍細胞と悪性腫瘍細胞があります。上述のNIH Imageを用いて、それぞれの細胞の輪郭をなぞります。細胞の輪郭が抽出されました。このソフトウェアには「円形度」という項目があります。「形の丸さ」を数値で表したものです。円形度測定という項目を実行させると、「丸さ」が定量化できます。細胞質の円形度の平均は良性腫瘍細胞が0.76、悪性腫瘍細胞が0.59となります。円形度の値が高いほど細胞の形が円に近くなりますので、細胞質は良性腫瘍細胞のほうが悪性腫瘍細胞に比べて丸いことがわかります。今度は細胞のN/C比を見てみましょう。N/C比とは二次元画像における細胞の核（N）と細胞質（C）の面積比のことです。核と細胞質の面積をそれぞれ算出し、NをCで割ったものです。良性腫瘍細胞のN/C比は0.29ですが、悪性腫瘍細胞は0.38です。悪性腫瘍細胞のほうが核の割合が大きいということになります。円形度もN/C比も直感的に理解できることです。腫瘍細胞は悪性度が高ければ、細胞質の形がいびつになり、核が相対的に大きくなるということで、さもありなん、なのですが、数字にすると不思議と客観性が増します。

	良性腫瘍細胞	悪性腫瘍細胞	
細胞円形度	0.76	0.59	良性＞悪性
核/細胞質比（N/C）比	0.29	0.38	良性＜悪性
写真	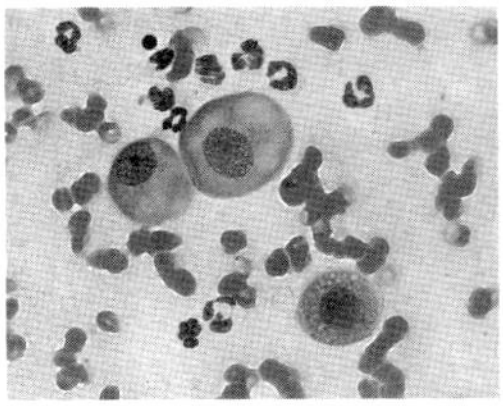	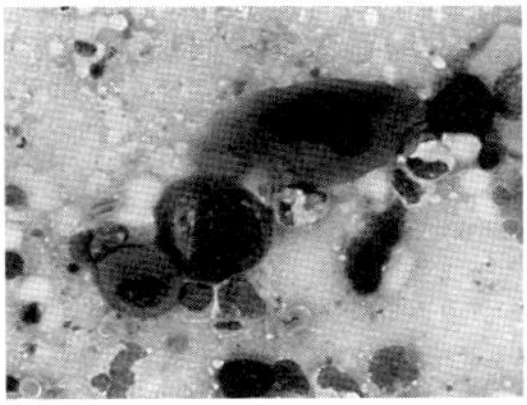	
細胞の輪郭を抽出した図	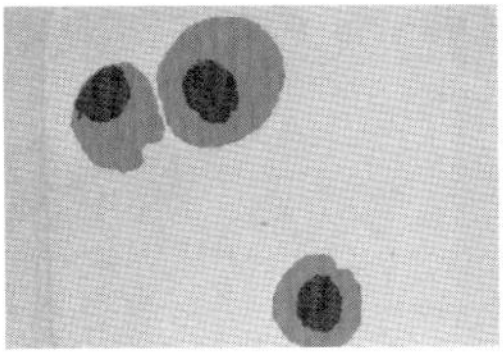	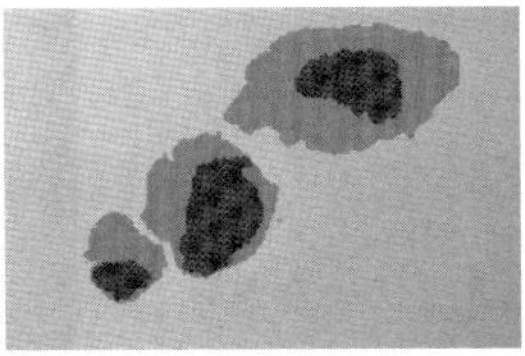	

図6-1　NIH Imageを用いて腫瘍細胞の形態を数値化。細胞の円形度は良性腫瘍細胞のほうが悪性腫瘍細胞より大きいのに対し、N/C比は悪性細胞のほうが大きい。

6.2 フラクタルと老人斑

「複雑系の科学」、「カオス」あるいは「フラクタル」という言葉を聞くことが多くなりました。この世の中の現象は単純（線型）ではなく複雑（非線型）極まりない、このような複雑系を研究することであらゆる事項の理解が可能になるという目的で始まった研究分野です。今や、数学、物理学だけではなく生物学や経済学まであらゆる分野に研究領域を広げています。その詳細は成書に譲るとして、本節ではその中でも「フラクタル」と「獣医病理学」について少々述べてみたいと思います。「フラクタル（fractal）」というのはごく簡単にいうと形の複雑さのことです。ある構造について、どんどん細部まで拡大した際にも全体と同様な複雑さを有するとき、これをフラクタル構造と呼びます。この複雑さの度合いを数値化したものが「フラクタル次元」です。二次元の構造体の場合、フラクタル次元は 1 から 2 の間の値をとりますが、三次元構造体では 2 と 3 の間の値になります。ここではあまりややこしく考えずに、「ある構造の複雑さの指標」と考えてください。

さて、人も含め老齢動物の脳には「老人斑」が観察されます。第 7 章でくわしく述べますが、「老人斑」とはアミロイド β という変性タンパク質が脳に沈着して形成される顕微鏡レベルの複雑構造体です。老人斑は PAM 染色という銀を用いた特殊な染色法で検出することができます。PAM 染色で検出される老人斑の形は、びまん（瀰漫）型老人斑と成熟型老人斑の 2 種類に大きく分けられます。びまん型老人斑ではアミロイド β が薄く均一に沈着し、周囲正常組織との境界がはっきりしませんが、成熟型老人斑ではアミロイド β がまとまって沈着し、境界明瞭な構造を示します。そこで、フラクタル次元を算出するソフトウェアを用いて各種動物の老人斑についてフラクタル次元を求めてみました（表 6-1）。老人斑の二次元画像をコンピューターに読み込み、このソフトウェアで計算したところ、ラクダ、犬、クマ、サル、人でびまん型老人斑のフラクタル次元は 1.6 から 1.7 程度であったのに対し、猫のびまん型老人斑は 1.4 から 1.5 と有意に値が低いという結果となりました。すなわち猫の老人斑はほかの動物種に比べて単純な構造であると考えられます。最近の私たちの研究により、猫ではアミロイド β はほかの動物のように集簇（しゅうぞく）して沈着せず、広範かつ希薄な沈着巣を形成することが明らかになりました。老齢猫の脳では人と同様

表 6–1　各種動物の老人斑の型とフラクタル次元。

	老人斑の型	フラクタル次元（平均±標準偏差）	
猫	びまん型	1.468 ± 0.051	
フタコブラクダ	びまん型	1.666 ± 0.025	$P < 0.05$
犬	びまん型	1.656 ± 0.046	$P = 0.0003$
	成熟型	1.721 ± 0.048	
クロクマ	びまん型	1.696 ± 0.049	
	成熟型	1.721 ± 0.053	
カニクイザル	びまん型	1.664 ± 0.040	
	成熟型	1.670 ± 0.032	
人	びまん型	1.632 ± 0.041	$P = 0.0412$
	成熟型	1.669 ± 0.030	

に神経原線維変化（NFT）が観察されます。老人斑の形が単純であることと NFT が観察されることになんらかの関連があるのかもしれません。

犬、クマ、サル、人の老人斑で、びまん型老人斑と成熟型老人斑のフラクタル次元を計測したところ、人でびまん型 1.632、成熟型 1.669、犬でびまん型 1.656、成熟型 1.721、サルでびまん型 1.664、成熟型 1.670、クマはびまん型 1.696、成熟型 1.721 でした。サルとクマではびまん型と成熟型で有意差はありませんでしたが、人と犬では有意差を認めたことから、概して成熟型の老人斑はびまん型に比べてより複雑な形態をしていると考えられました。さらに、犬の老人斑について、びまん型および成熟型それぞれで老人斑の大きさ（面積）とフラクタル次元との関係についてグラフをつくってみました（図 6–2）。その結果、びまん型、成熟型とも弱いながら正の相関があるように思われました。また、両者で回帰直線の傾きが異なったことから、犬の場合、びまん型老人斑と成熟型老人斑は成長の過程が異なる、すなわち成因が異なっている可能性が考えられました。

顕微鏡画像のフラクタル解析の場合、拡大率が異なるとフラクタル次元も変わる可能性が考えられたことから、犬の老人斑について拡大倍率が異なる画像を準備し、フラクタル次元を算出してみました。その結果、拡大倍率が大きくなるとフラクタル次元も大きくなる傾向が認められました。すなわち、犬の老人斑は細部になるほど複雑さが増すという可能性が考えられました。

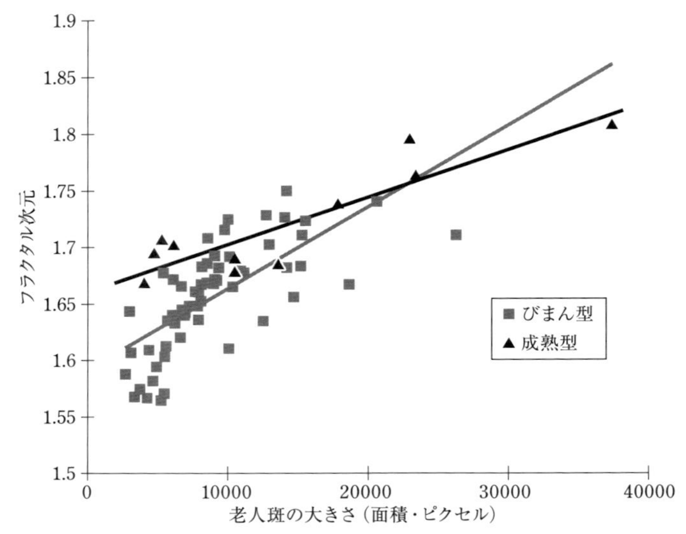

図 6–2　犬の老人斑の大きさとフラクタル次元。びまん型（diffuse）と成熟型（mature）で傾きが異なる。すなわち、成因が異なっていることが想定される。

6.3 老人斑形成の数量的解析

老人斑は直径が数十ミクロンの球状または不定形の構造体と考えられます。私たちが顕微鏡で観察する老人斑はこの構造体を厚さ数ミクロンにスライスした平面構造です。球体の中央部をスライスすればその切口の平面は大きくなりますし、端のほうのスライス面では小さくなります。一方、老人斑を構成するアミロイド β には、アミノ酸が 42 個または 43 個の Aβ42（43）と 40 個の Aβ40 とが存在します。

老齢犬の脳について、Aβ42（43）または Aβ40 をそれぞれ検出する 2 種類の抗体を用いて免疫染色を行い、老人斑のスライス断面における Aβ 沈着巣のフラクタル次元を求めてみました。各老人斑についてスライス位置を横軸に、フラクタル次元を縦軸にとってプロットしてできた曲線を単純化したものが図 6–3 です。これらの曲線をその形にもとづいて「台形型（trapezoidal）」と「釣鐘型（bell-shaped）」に分類しました。そして、老人斑の種類、構成するアミロイド β の分子種、曲線の型、曲線を数値化した値（h/w）をまとめたのが図 6–4 です。びまん斑を構成するアミロイド β の分子種は Aβ42（43）のみでしたが、成熟斑

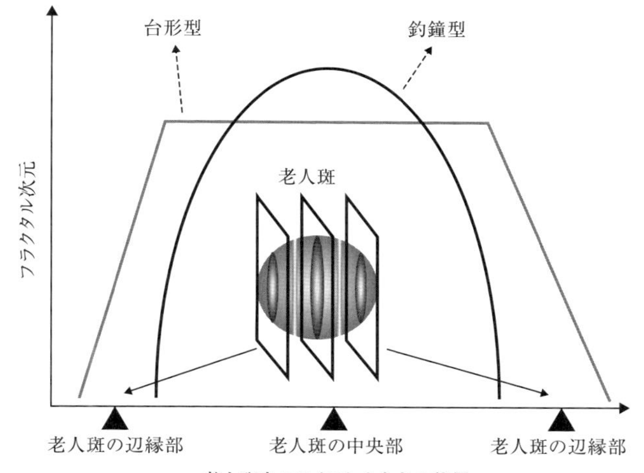

図 6–3　老人斑の各断面におけるフラクタル次元。断面の位置とフラクタル次元との関連を表す曲線には台形型と釣鐘型がある。

老人斑	Aβ 分子種	曲線型	h/w
びまん斑（DP）	Aβ 42(43)	台形型	0.14
成熟斑1（MP1）	Aβ 40 のみ	釣鐘型	0.22
成熟斑2（MP2）	Aβ 42(43) Aβ 40	台形型 釣鐘型	0.16 0.22

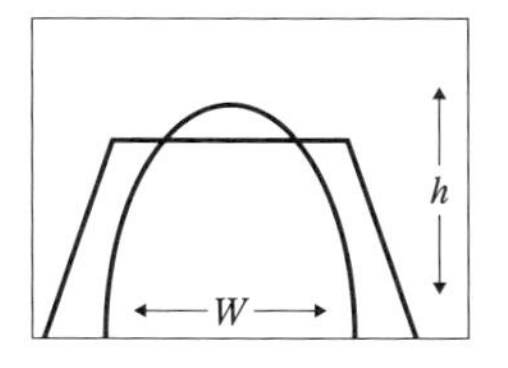

台形型：底辺が広く，高さが一定．FD値は一定．アミロイド β の分布は広く均一．
釣鐘型：底辺が狭く，高さがある．FD値の変化が大きい．アミロイド β の分布は老人斑の中心部で密，辺縁部で疎．

図 6–4　犬の老人斑を構成するアミロイド β の分子種とフラクタル次元曲線の型、および曲線の数値化 (h/w)。

では Aβ40 のみのもの（成熟斑 1）と Aβ42(43) と Aβ40 の両方からなるもの（成熟斑 2）がありました。老人斑における Aβ42(43) のフラクタル次元の分布は台形型、Aβ40 のそれは釣鐘型でした。成熟斑 2 には Aβ42(43) と Aβ40 の両方が沈着し、前者は台形型、後者は釣鐘型のフラクタル次元分布を示しました。さらに、成熟斑の辺縁部ではフラクタル次元が低く中央部では高いこと、および老人斑の中央部における Aβ40 の沈着形態は Aβ42(43) のそれに比べてより複雑である（フラクタル次元が高い）こともわかりました。つまり、犬の老

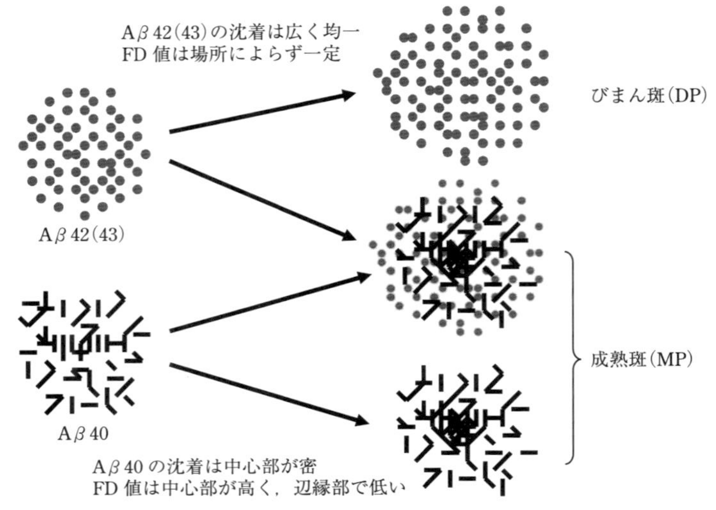

図 6-5　犬の老人斑形成過程の仮説。

人斑ではびまん型と成熟型は立体構造が異なっているのですが、その理由はたがいの形成過程が異なっているためと考えられました（図 6-5）。

本節および前節で示した研究結果は数学的には厳密でないかもしれません。また、その道の専門家と相談して行った研究でもありません。しかし、いずれも神経科学の専門英文誌に投稿し、掲載されました。こうした研究は病変を数値化し、それらを動物種で比較するという新しい視点の研究の嚆矢であると密かに自負しています。

6.4 凝集モデルを用いた老人斑の *in silico* 生成

この節ではコンピューターを用いて作成した老人斑の形成過程モデルをご紹介しましょう。生物学では、動物の生体を用いて行う研究を「*in vivo*」、培養細胞などを用いた試験管内の研究を「*in vitro*」、コンピューター内で生体内をシミュレートした研究を「*in silico*」の研究と呼んでいます。老人斑の *in silico* 形成過程モデルといっても複雑なものではなく、だれでも理解できる簡単なモデルです。モデルはごく単純なものから考えていくのが常道です。単純なモデルをつくり、これにいろいろと条件をつけて実測値に合致するものをつくってい

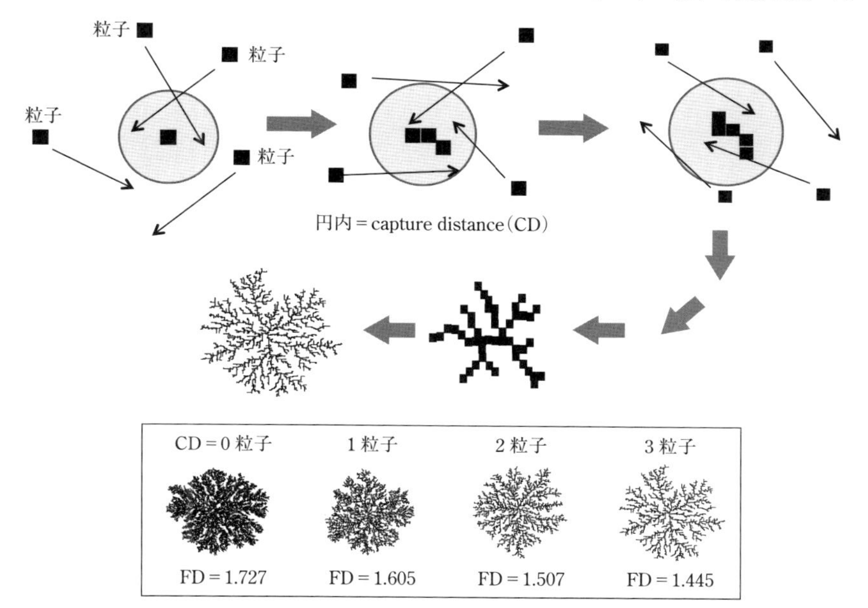

図 6-6　粒子凝集体モデル。アミロイド β などの粒子がランダムに拡散移動し、すでに沈着している粒子の近傍（capture distance; CD）を通ると停止し沈着する。近傍以外を通過する場合は沈着は起こらない。形成された凝集体のフラクタル次元（FD）は CD が小さいほど大きくなる。

くのです。ここで紹介するのは老人斑がいかにして形成されるかというごく単純なモデルです。

老人斑はアミロイド β が沈着した構造ですが、アミロイド β は神経細胞で産生され周囲に拡散すると考えられています。そこでアミロイド β の微粒子が脳内を拡散する際に、ほかのアミロイド β 粒子と接着するとそこに沈着するというモデルを考えました。これは「粒子凝集体モデル」という単純な計算モデルです（図 6-6）。この計算を行うアプリケーションがウエブで手に入ります。このアプリケーションを利用して、アミロイド β の沈着を *in silico* で再現してみました。あるアミロイド β 粒子の近傍をほかのアミロイド β 粒子が拡散通過する際に、ある距離（capture distance）より近くを通るとそこに止まり、たがいに結合して沈着するという条件を設定しました。このステップを 1500 回繰り返し、得られた図形を老人斑と見なしました。粒子どうしが結合するための距離条件を粒子 0 個から 3 個までとし、得られた構造を図 6-6 の下部に示しました。これらの構造のフラクタル次元を求めたところ、距離条件0個の場合が一番複雑で1.7くらい、距離（capture distance）が大きくなるほどフラクタル次元が低くなる、すなわち構造が単純になりました。前述したように犬の成熟型老人斑のフラクタル次元が約1.7でしたので、この老人斑ではアミロイドβ粒子どうしの結合がより強固に起こっている可能性があります。一方、猫のびまん型老人斑のフラクタル次元は1.4程度でしたので、粒子3個分の条件に合致します。粒子どうしが離れていてもそこに止まり、たがいにゆるく結合し、より希薄な構造をつくっていることがわかります。

本章では、病変の形態を数値化し、良性腫瘍と悪性腫瘍で、または動物種間で比較すること、さらにはコンピューター・アプリケーションを用いて、病変の形成過程をシミュレーションすることについて述べました。「数理病理学」の一端をご理解いただけたでしょうか。

6.5 第6章のまとめ

1. 良性腫瘍細胞と悪性腫瘍細胞について、それぞれの形態を数値化し比較した。
2. 老人斑の形態を図形の複雑さを示す数値、すなわちフラクタル次元で表し、動物種間で比較した。
3. 立体構造である老人斑をスライスして平面構造の集合体としてとらえ、各スライス平面のフラクタル次元を求めることで、老人斑の形成過程を推察した。
4. アプリケーションを用いて老人斑形成過程の *in silico* モデルを構築した。

7 動物の認知症

7.1 認知症とアルツハイマー病

この章では動物に認知症はあるのか、アルツハイマー病はあるのか、ということを考えてみます。

以前、「痴呆」と呼ばれていた病気は現在では「認知症」という名称に変わりました。痴呆という用語には侮蔑的な語感がある、というのがその理由です。日本痴呆学会も 2005 年に日本認知症学会へと名称変更しました。

人の場合、認知症には定義があります。すなわち、「一度正常なレベルまで達した知能が脳の病気のために正常レベル以下にまで低下した病的な状態」です。まず、① 認知機能の判定スケール表があり、お医者さんが患者さんにこの表にもとづいたいろいろな質問をして、どれだけ答えられるかを見ます。これに加えて、② お医者さんと患者さんの家族が患者さんの行動評価を客観的に行います。① と ② の結果を総合的に検討して認知症を判定します。

動物の場合はどうでしょう。① の認知機能判定スケール表は使えません。あたりまえですね。犬に判定スケール表にあるように「今おいくつですか？」とたずねても「ワン (one?)」としか答えません。犬も含めて動物は人に比べはるかに知的機能が劣っているので、なにかを答えてもらうような基準はまったく使えないのです。② はどうでしょう。これは人の行動評価ですから、このままではもちろん動物にはあてはまりません。それぞれの動物ごとに評価の基準をつくらなければなりません。犬や猫のように、その生態や行動様式がよくわかっている動物の場合はこれが可能です。後ほどまた述べますが、実際に犬の行動評価スケールがいくつかできています。猫のものはまだありませんが、きっと近い将来につくられるでしょう。ほかの動物種については生態や行動がまだよくわかっていませんし、下等な動物種ではもともと認知症を定義できるほど知能が発達していないので評価のしようがないのです。

さて、アルツハイマー病の話をしましょう。アルツハイマー病は1906年ドイツの臨床医、アロイス・アルツハイマーによって最初に報告された認知障害で、死後の解剖によって患者の大脳皮質と海馬に重度の萎縮が見つかりました。大脳皮質は脳の一番外側を覆っている部分で、知能に深く関係しています。また海馬は脳の奥にある部分で、おもに記憶に関係しているといわれています。この病気は発見者の名前をとって「アルツハイマー病」と名づけられました。先に述べた認知機能と行動の評価基準によって認知症と判断され、CTやMRIなどの脳の画像検査で大脳皮質と海馬に萎縮が認められた場合に「アルツハイマー病」と診断します。アルツハイマー病で亡くなった患者さんの大脳や海馬を顕微鏡で観察してみると、「老人斑（senile plaque）」と呼ばれる微小なシミと「神経原線維変化（neurofibrillary tangle）」と呼ばれる神経細胞内の細線維状の構造体がたくさん見られます（図7-1）。老人斑はアミロイドβという不溶性の異常タンパク質からなっています。アミロイドβはおもに神経細胞の間に沈着

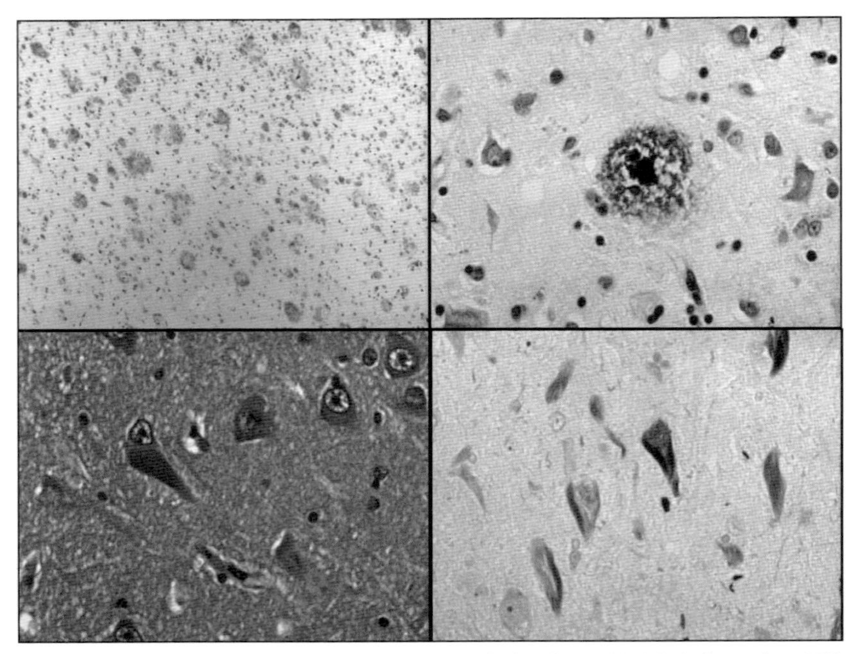

図7-1　アルツハイマー病患者の脳内に見られる老人斑（上）と神経原線維変化（下）。いずれも顕微鏡写真。右は左の拡大像。

しますが、この沈着が局所的に重度になりシミのようになったものが老人斑です。アミロイドβの沈着がアルツハイマー病の原因なのか、あるいはたんなる結果なのかについては、いまだに意見が分かれていますが、後ほど述べる「アミロイド仮説（amyloid hypothesis）」を採用する立場に立つと、原因と考えたほうがよいかもしれません。これらの脳病変はアルツハイマー病患者ではない高齢者にも観察されますが、アルツハイマー病の場合はその程度がきわめて重度なのです。神経原線維変化は NFT と略します。神経細胞内に「リン酸化タウ（phosphorylated tau）」という、やはり不溶化した異常タンパク質が沈着したものです。

アミロイド仮説とは脳にアミロイドβが沈着し、引き続いてリン酸化タウが沈着、NFT が形成されて、神経細胞が脱落し、アルツハイマー病が生じるという考え方です。不溶化した異常タンパク質が脳に沈着し、認知症、運動障害、感覚異常などの神経症状を示す病気は、人ではアルツハイマー病以外にもパーキンソン病、ピック病などさまざまなものがあり、ほとんどが老年期に発症します。みなさんもこれらの病気の名前は聞いたことがあると思います。異常タンパク質が長い時間をかけて脳に沈着するため、発症が老年期になるものと思われます。それでは、動物にもこのような異常タンパク質が脳に沈着する病気があるのでしょうか。次節では老齢動物、とくに老齢犬の脳病変についてお話ししたいと思います。

7.2 老齢犬の脳病変

私が学生のころ（1970 年代の終わりから 1980 年代初めです）、病理解剖を依頼される犬や猫の多くは感染症で亡くなった若い動物でした。当時、犬や猫などの伴侶動物の獣医療は未熟で、飼い主にも病気についての知識は普及しておらず、ワクチン接種もほとんどされていない状況でした。当然、多くの動物がジステンパーやパルボウイルス感染症、病原細菌の感染によって比較的若いときに死亡し、腫瘍など高齢動物に特有の疾患はあまり多くありませんでした。ところが、ここ 30 年間の獣医療の進展はすさまじく、飼い主の病気に関する知識も格段に豊富になり、飼育されている犬や猫でワクチンを受けていないものはほとんどなくなりました。その結果、犬と猫の寿命は著しく延長し、15 歳

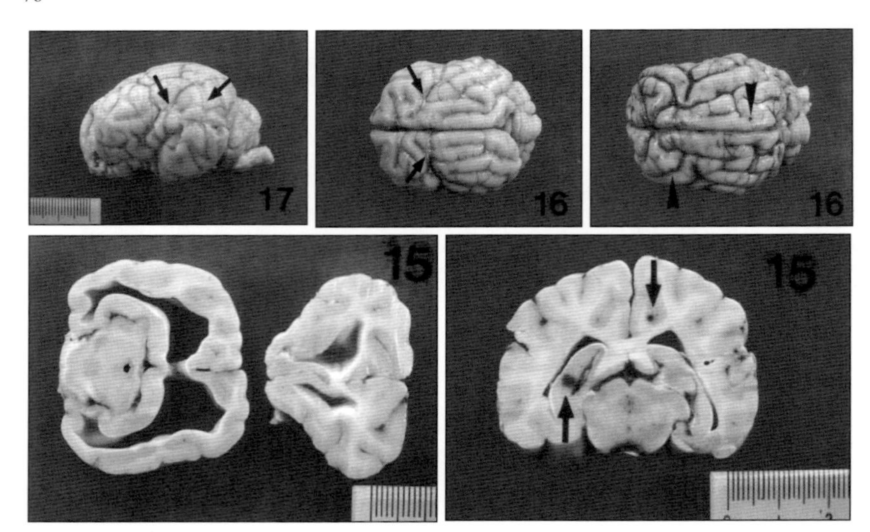

図 7-2　老齢犬の脳の肉眼写真。表面（上）と断面（下）。大脳皮質の萎縮（すべて）、脳室の拡張（下左）、黄色調（すべて）、白色脳溝（上左と上中の矢印）、小出血（上右と下右の矢印）が見られる。図中の数字は年齢。

以上の動物がまれではなくなりました。20 歳を超える長命動物も見かけます。その結果、最近では高齢動物の病理解剖依頼が多くなりました。

老犬の脳は若い犬の脳とどのように異なっているのでしょう。犬には人のアルツハイマー病で認められるような老人斑や NFT はあるのでしょうか。図 7-2 は老齢犬の脳です。写真の数字は年齢を示しています。これらの脳は 15 歳から 17 歳の犬から採取したものですが、人では 80 歳代に相当していると思います。老犬の脳は黄色味が強くなり、表面の溝（脳のシワのうちへこんでいる部分。脳溝と呼ばれる）が白くなっています。また、表面や内部に黒い点が見つかります。これは小さな出血です。さらに脳の内部にある脳室が拡張している犬もいます。ただし、アルツハイマー病患者のような大脳皮質と海馬の重度の萎縮は見られません。

このような老犬の脳を顕微鏡で観察してみましょう。図 7-3 を見てください。矢印の黒いシミが老人斑です。老犬の脳にも老人斑が見つかりましたね。図の上の写真で、黒色の部分がアミロイド β の沈着部です。老人斑と一致しています。人と同じく犬も年をとると脳にアミロイド β が沈着します。アミロイド β は老人斑だけではなく脳の小血管壁にも沈着します。写真左下の黒色の部分が

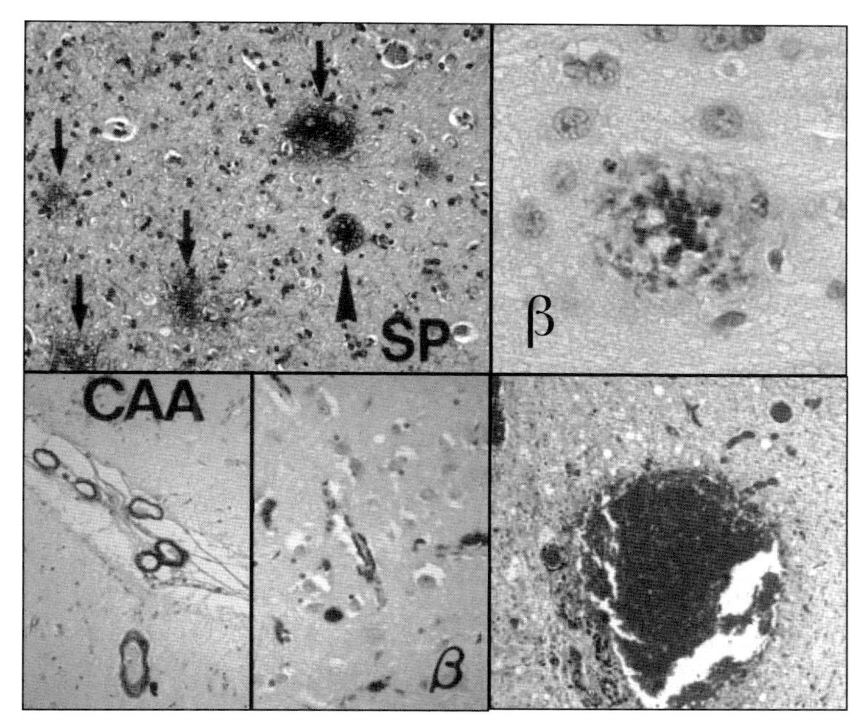

図 7–3　老齢犬の脳病変。老人斑（上）、脳血管アミロイド沈着（下左と下中）および出血（下右）。いずれも顕微鏡写真。

血管壁に沈着したアミロイド β です。血管にアミロイド β が沈着すると血管は弱くなり、出血しやすくなります。右下の写真がこのようにして生じた出血病巣です。「出血」というのは赤血球が血管の外側に出てしまうことです。図 7–2 の脳の表面と内部の小さな黒い点はこうした出血病巣なのです。

犬の年齢とこれまでに紹介した病変の出現との関係を示したのが、図 7–4 のグラフです。9 歳を過ぎると老人斑の形成と血管壁アミロイド β 沈着が起こり始め、15 歳になると老人斑は約 40 パーセント、血管壁アミロイド β 沈着はなんとすべての犬に認められます。アミロイド β が沈着した血管の一部は破れて出血します。脳の小出血は 9 歳以下の犬にも見られますが、これはジステンパーという犬のウイルス感染症のため生じた脳炎によるもので、アミロイド β の沈着とは関係ありません。老人斑もアミロイド β の沈着病変ですから、犬では 9

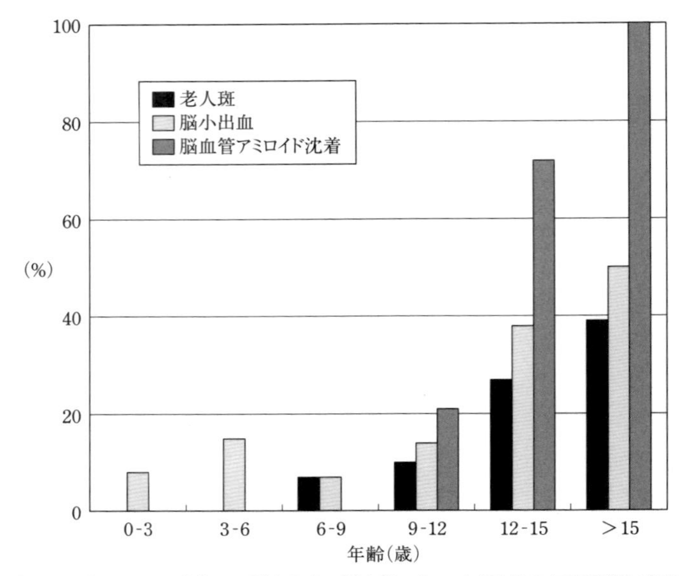

図 7–4　犬における老人斑、脳小出血、脳血管アミロイド沈着の年齢別発生頻度。

歳を過ぎると脳にアミロイドβが沈着し、老化が進むにつれてその程度が進行することが明らかになりました。

図 7–5 に老犬の脳に見られる病変をまとめました。老人斑や血管壁アミロイドβ沈着、小出血以外にも老化に関連する変化が見られるのですが、ここでは詳細は述べません。ただ、アルツハイマー病患者の脳で観察される NFT は、老犬の脳にはまったく観察されませんでした。このことはよく覚えておいてください。

さて、ここで話が少し横道にそれます。「細胞死」の話をします。細胞の死に方には 2 通りあり、それぞれ「ネクローシス」と「アポトーシス」と呼ばれています。アポトーシスという語は最近いろいろなところに出てきますので、聞いたことがあるかもしれませんね。ネクローシスというのは細胞が刺激を受けたときに膨れ上がり、とうとう破裂してしまう現象です。これに対し、アポトーシスでは、細胞は反対に縮み、核とともにバラバラになってしまう現象です。ネクローシスは細胞外の刺激に対する単純な反応であって、「細胞の他殺」にたとえられますが、アポトーシスは遺伝子 DNA をある一定の長さに分断する酵

肉眼所見	組織所見
• 大脳皮質の萎縮	• 老人斑
• 脳室の拡張	• 脳血管アミロイド沈着
• 黄色調	• 小出血
• 白色脳溝	• グリア増生
• 小出血	• セロイド-リポフスチン沈着
	• ミネラル沈着
	• ポリグルコサン小体
	• NFTは認められない

図7-5　老齢犬の脳病変。

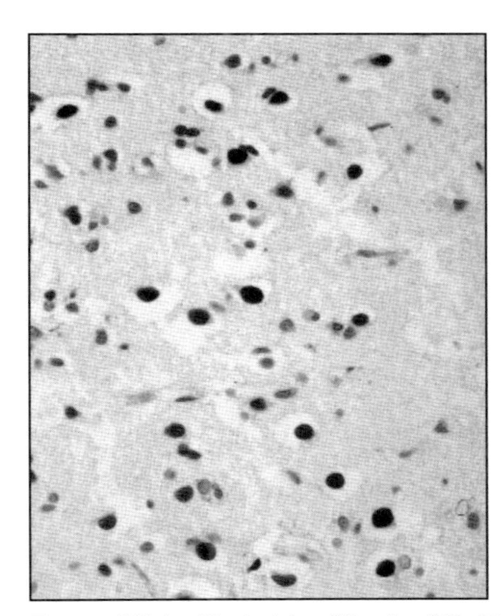
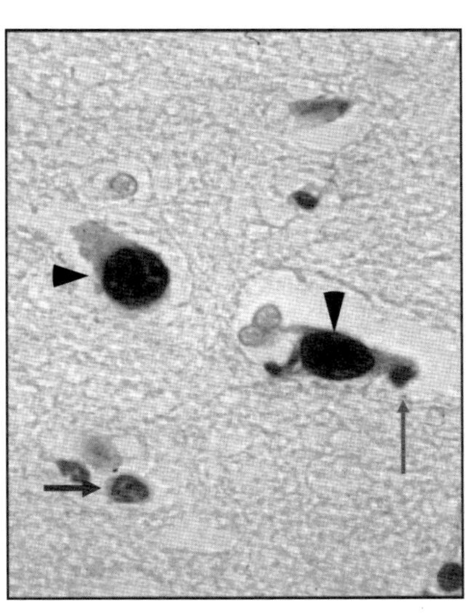

図7-6　老齢犬の脳におけるアポトーシス細胞（TUNEL染色）。顕微鏡写真。右は左の拡大写真。

素が活性化することで生じ、「細胞の自殺」にたとえられます。DNAを分断する酵素を活性化する遺伝子があり、細胞内外からの刺激に反応してこの遺伝子がはたらくとDNAが壊れアポトーシスが起こります。アポトーシスを起こした細胞を確認する方法はいくつかありますが、よく使われているのはTUNEL

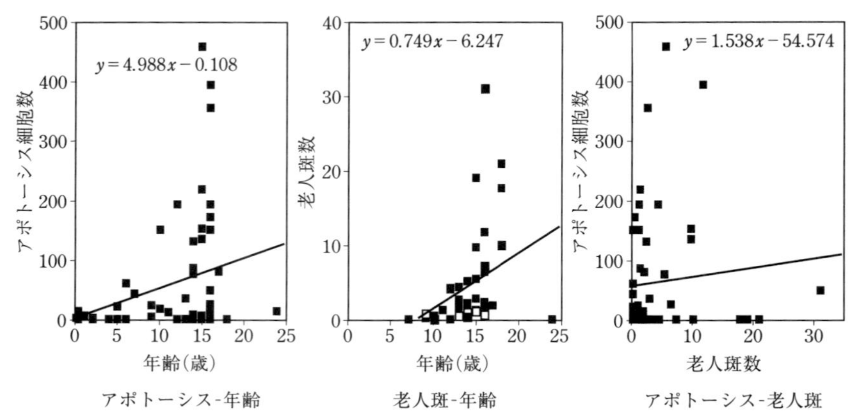

図 7–7　犬の脳におけるアポトーシス細胞数と老人斑数。加齢によりアポトーシス脳細胞数（左）、老人斑数（中）は増加するが、アポトーシス細胞数と老人斑数に相関関係はない（右）。

法です。この方法では、バラバラになった DNA を検出して茶色に染色します。TUNEL 法を使って老犬の脳を染色したのが図 7–6 です。脳でもっとも重要な神経細胞だけでなく、神経細胞を補佐する神経膠細胞も染色されました。老犬の脳にはアポトーシス細胞がたくさんあることがわかったのです。

老犬の脳病変のうち、老人斑、脳細胞アポトーシスと年齢との関係を調べてみました（図 7–7）。年齢とアポトーシス脳細胞数、年齢と老人斑数との間にはそれぞれ有意の相関が認められましたが、アポトーシス脳細胞数と老人斑数の間には相関はありませんでした。すなわち、犬では老人斑と脳細胞アポトーシスは、いずれも脳老化に関連した現象なのですが、たがいに関係はないことが明らかになりました。

7.3 犬の認知症

ここで、犬の認知症について考えてみましょう。そもそも犬に認知症はあるのでしょうか。飼っている老犬の様子がなんだかおかしくなってきた、という経験はありませんか。図 7–8 の左は内野先生という獣医さんが、また右はオーストラリアのサルバン氏（Salvin）が公表した犬の認知症基準です。犬を飼っている方は思いあたることがあるでしょう。前者では、食欲、生活リズムなど 10 項目について異常状態を点数化し、その合計が 30 点以上の場合を犬の認知症

1	食欲	1	2	5
2	生活リズム	1	3	5
3	歩行異常	1	3	5
4	排泄異常	1	2	3
5	感覚異常	1	2	3
6	姿勢異常	1	3	7
7	鳴き方	1	3	7
8	感情表現	1	3	5
9	飼い主や他の犬との相互関係	1	3	5
10	状況判断	1	3	5
各スコアの合計が30点以上を犬の認知症とする。				

1	長時間ウロウロする、円を描くように歩き続けるなど、目的なく歩き回る行動はありますか？	1	2	3	4	5
2	上記の行動は過去半年間で増えましたか？	1	2	3		
3	寝ている、休んでいる時間は過去半年間で増えましたか？	1	2	3	4	5
4	床や壁をぼんやりと見つめ続けることはありますか？	1	2	3	4	5
5	上記の行動は過去半年間で増えましたか？	1	2	3		
6	物の隙間で行き詰まり、出られなくなることはありますか？	1	2	3	4	5
7	壁や家具にあたってもそのまま歩き続けようとすることはありますか？	1	2	3	4	5
8	こぼした餌をうまく見つけられないことはありますか？	1	2	3	4	5
9	上記の行動は過去半年間で増えましたか？	1	2	3		
10	家族や親しい人、同居のペットのことを認識できないことはありますか？	1	2	3	4	5
11	上記の行動は過去半年間で増えましたか？	1	2	3		
12	撫でられること、触られることを避けることはありますか？	1	2	3	4	5
13	いつもする場所以外で排泄してしまうことが、過去半年間で増えましたか？	1	2	3	4	5
各スコアの合計（9は2倍、11は3倍）に14点加えた点数を犬の認知症スコアとする。						

図7-8　犬の認知症評価基準。

にしようという評価基準です。人の認知症診断における客観的行動評価基準に相当します。たとえば、左表の基準で9番目の「飼い主や他の犬との相互関係」ですが、飼い主を見つけると尻尾を振って近づいてきた犬が、あるいは散歩の途中にほかの犬を見つけるとうるさく吠えていた犬が、まったく関心を示さなくなってしまった場合、5点をプラスします。多少なりとも関心を示しますが、以前ほどではないときには3点プラスします。ただし、この評価には対象となる犬にほかの病気、とくに眼や耳の病気がないことを前もって確認しておく必

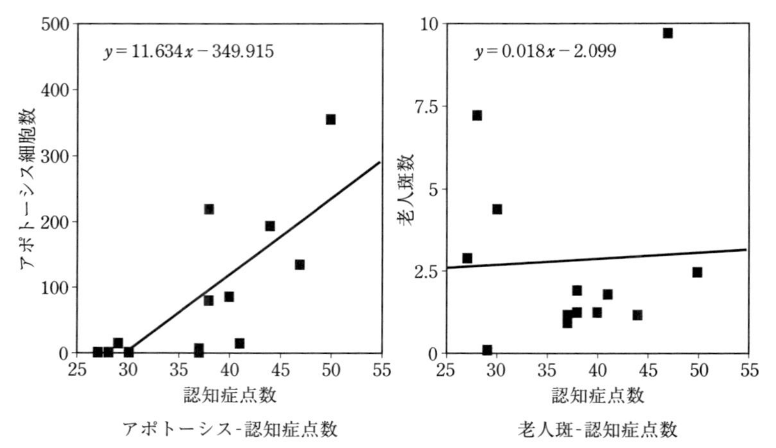

図 7-9　アポトーシス細胞数（左）または老人斑数（右）と認知症点数との関係。犬の認知症の程度はアポトーシス脳細胞数と相関するが、老人斑数とは相関しない。

要があります。眼が悪くなれば飼い主やほかの犬も見分けられなくなるためです。これに対しサルバンの基準は 13 項目からなり、認知症の各症状が以前と比べて重度になったかどうかを判定するものです。

このように生きているときに認知症と評価した犬について、亡くなった後に解剖し、脳を顕微鏡で観察、アポトーシス脳細胞数と老人斑数を数えました。図 7-9 はその結果を示しています。左の図から認知症評点とアポトーシス脳細胞数は相関していることが見てとれます。これに対し、右図からは認知症評点と老人斑の数には相関がないことがわかります。つまり、犬の認知症はアポトーシスを起こしている脳細胞の数が増えることによって生じている可能性があります。また、老人斑の数は認知症の程度とはあまり関係がないようです。人ではどうなっているのでしょう。人の場合、認知症の程度と NFT の数は相関していると考えられていますが、老人斑数との相関についてはいろいろな報告があって、今のところよくわかっていません。

7.4 犬以外の老齢動物の脳病変

前節では老齢犬の認知症状態が脳細胞のアポトーシスと関係していることをお話ししました。それでは犬以外の動物はどうなのでしょう。図 7-10 左上は

20 歳の老齢猫の脳の顕微鏡写真です。犬とはずいぶん異なりますが、老人斑と呼んでも差し支えない構造が見つかりました。猫の老人斑にもアミロイドβが沈着しています。アミロイドβは脳の中の小血管壁にも沈着していました。猫も老化すると脳にアミロイドβが沈着するのです。さらに、私たちの研究室の助教、C 君は老齢のイエネコ（*Felis catus*）、ツシマヤマネコ（*Prionailurus bengalensis*）およびチーター（*Acinonyx jubatus*）の脳に NFT を見つけました（図 7–10 右上）。これら 3 種の動物はいずれも食肉目ネコ科（Felidae）に属します。イエネコのアミロイドβのアミノ酸配列は人のそれと 1 残基だけ異なっており、これが脳に沈着すると NFT の形成（すなわちタウタンパク質のリン酸化）を促進することがこの C 君の研究で明らかにされました。さらに、C 君は同様の現象は老齢のツシマヤマネコとチーターの脳にも起こることも報告しました。ネコ科動物特有の不完全なアミロイドβ凝集物がタウのリン酸化を促進し、NFT の形成が促進されるのかもしれません。

図 7–10 左下は 23 歳以上と推定されていたフタコブラクダの脳の写真です。このラクダは第 3 章で取り上げたラクダですが、23 年前に中央アジアのある国から国内の動物園へやってきたとのことでした。元気がなくなり立っていることができなくなったので安楽死したものです。安楽死とはなんて残酷な、と考えられるかもしれませんね。でも、ラクダのような大型の動物は立てなくなったら、死は間近です。お腹にガスがたまって苦しんで死んでしまいます。その前に薬で安らかに死ねるようにしてあげるのです。安楽死の後で解剖したところ、お腹の中に大きな卵巣がんが見つかりました。フタコブラクダの寿命がどのくらいなのかはわかりませんが、このラクダはかなり高齢であったと思われました。このラクダの脳を顕微鏡で観察したのが、この写真です。犬とは形が異なりますが、老人斑が認められました。また、ラクダの老人斑にもアミロイドβが沈着していました。

図 7–10 右下はアカゲラという日本産キツツキの脳です。このキツツキは私の友人の鳥類学者が、東京大学の演習林で巣から落ちた幼鳥を拾い、手製のケージで飼育し行動を観察していたものです。幼鳥を拾ったのが 16 年前なので死亡したときにはたぶん 16 歳だったのでしょう。弱っていたところを同居していた若いキツツキにつつかれ、とうとう死んでしまったということでした。眼は白内障をわずらっていましたし、解剖したところ、いろいろな内臓が萎縮し

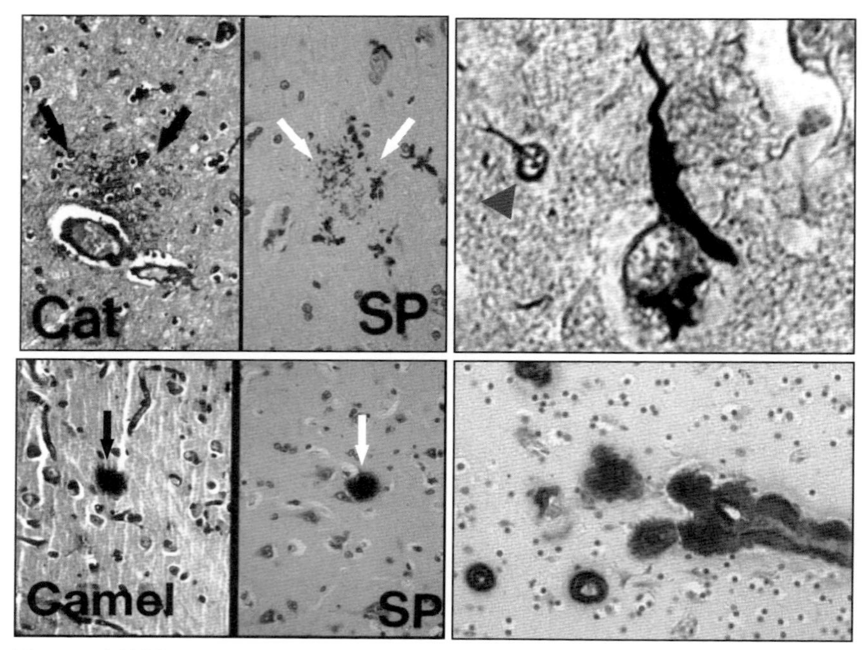

図7-10　老齢動物の脳病変。猫の老人斑（左上）、銀染色（黒矢印）とアミロイドβ免疫染色（白矢印）による検出。猫のNFT（右上）。フタコブラクダの老人斑（左下）、銀染色（黒矢印）とアミロイドβ免疫染色（白矢印）での検出。アカゲラの脳血管アミロイド沈着（右下）。

ていたことから、かなり高齢であったと推測されました。アカゲラの寿命は15歳くらいなのかもしれません。さて、このアカゲラの脳ですが、肉眼的には意外と瑞々しく萎縮もありませんでした。高齢とは思われない脳の所見です。ところが、この脳を顕微鏡でみると、血管のまわりにもやもやとした構造が認められました。アミロイドβに対する抗体を用いて、この構造を免疫染色してみると茶色に染まり、この血管周囲の構造にはアミロイドβが沈着していることがわかりました。

さらに、私たちの研究により、アミロイドβ沈着をともなう老人斑はカニクイザル、クロクマなどにも認められました。老人斑が見つかったこれらの動物に認知症はあるのでしょうか。じつは犬やサル類以外の動物で認知症を定義することはかなりむずかしいのです。猫ならばなんとかできそうな気もしますが、ラクダの認知症はどのようなものか想像ができません。

私たちの研究室で経験した症例を含め、これまでに報告がある人以外の動物の老化関連脳病変をくわしく調べたところ、じつにいろいろな動物に老人斑や血管壁アミロイド沈着が観察されていることがわかりました。老人斑は犬、猫、サル類、クマ、ラクダ、ロバ、コヨーテ、クズリ（イタチ科の雑食獣）で、脳血管アミロイド沈着は犬、猫、サル類、クマ、ラクダ、コヨーテ、クズリ、ゾウ、キツツキで報告されています。これに対し、猫で見つかったNFTは羊、クマ、牛、クズリで報告がありますが、じつはそれぞれの報告をていねいに検証してみると写真がなかったり、あってもはっきりしていなかったりで、きちんと確認することができませんでした。つまり、これぞNFTという構造は人以外の動物ではネコ科の動物（イエネコ、ツシマヤマネコ、チーター）にしか見つかっていないことになります。その理由を次の節で考えてみましょう。

7.5 動物にアルツハイマー病はあるのか

アルツハイマー病による認知症は先進国で大きな社会問題になっています。この病気はいったいどのような原因で起こるのでしょうか。病気には動物の種類によって症状や病変が異なるものがある一方で、動物種が異なっても同じ症状、病変を示すものがあります。アルツハイマー病はどうでしょうか。そもそも人以外の動物にアルツハイマー病はあるのでしょうか。

アルツハイマー病の原因、発病メカニズムを説明する説として、前述したように「アミロイド仮説」があります。図7-11を見てください。アミロイドβはアミロイド前駆体タンパク質（APP）が異常分解することで生じます。APPの遺伝子は存在しますが、アミロイドβはAPPの分解で生じるので、その遺伝子は存在しません。APPというタンパク質にはなにか生物の体にとって重要な役割があるに違いないのですが、その役割はまだ完全にはわかっていません。さて、このAPPがβセクレターゼおよびγセクレターゼという酵素によって異常分解されるとアミロイドβができます。アミロイドβは脳の神経細胞に対する毒性が強く、これらの細胞を壊します。また、壊さないまでも神経細胞内にあるタウと呼ばれるタンパク質を変化させ、不溶性のNFTをつくってしまうのです。NFTができると神経細胞は本来のはたらきができず、またアミロイドβの毒性によって神経細胞の数が減少するので、脳は萎縮し機能も著しく低下

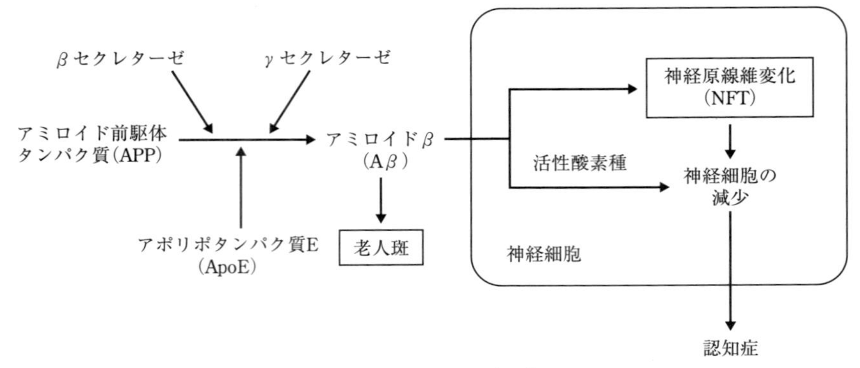

図 7–11　アルツハイマー病の病理発生機序（アミロイド仮説）。

します。こうして認知症の症状が現れてくるのです。

アルツハイマー病やパーキンソン病は壮年期から老年期に起こる神経系の病気です。アルツハイマー病の場合はアミロイドβ、パーキンソン病の場合はαシヌクレインと呼ばれる異常なタンパク質が脳に沈着することで生じます。また、ポリグルタミン病、筋萎縮性側索硬化症（ALS）、それから牛海綿状脳症（狂牛病）で有名なプリオン病も異常タンパク質が脳や脊髄に沈着することで起こります。このような神経系の病気は「神経変性疾患」と総称されます。神経変性疾患で沈着する異常タンパク質の前駆体は生物の体の中で重要な役割を持っていると考えられていますが、いったん変化すると不溶性になって凝集し、いろいろなところに沈着してしまいます。これらタンパク質の変化を分子レベルで見ると、立体構造がαヘリックスから不溶性のβシートへと変わっています。このような不溶性の異常タンパク質が長い時間かけて沈着し、脳をゆっくり傷害し病気を起こしているのです。

さて、これまで述べてきたことをもとにして、いよいよ本節の主題である「動物にアルツハイマー病はあるのか」ということを検証してみようと思います。図 7–12 は人、サル（カニクイザル、アカゲザルなどのマカカ属のサル）、犬、マウスのだいたいの寿命を横棒の長さで表し、それぞれの動物について脳にアミロイドβが沈着する時期、および NFT が見つかる時期を色を変えて示したものです。各動物の寿命は、人は 90 年、カニクイザルは 35 年、犬は 20 年、マウスは 2 年としました。寿命の後半になると脳にアミロイドβが沈着し、老人

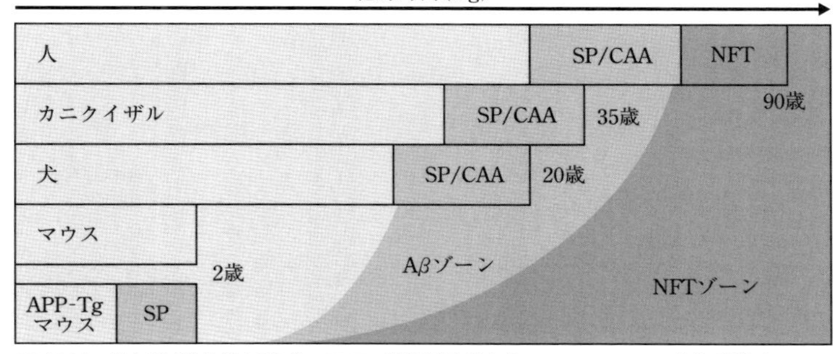

SP/CAA：老人斑/脳血管Aβ沈着　NFT：神経原線維変化　APP-Tg：APP遺伝子導入マウス

図 7-12　動物種ごとの加齢性脳病変の推移。

斑、血管壁アミロイド沈着が現れます（Aβ ゾーン）。人ではアミロイドβ沈着に続いて NFT が形成されますが（NFT ゾーン）、サルと犬ではアミロイドβは沈着するものの NFT は見られず、マウスに至ってはアミロイドβも沈着しません。マウスでも人為的に人の APP 遺伝子を導入した APP トランスジェニックマウス（遺伝子改変マウス）では老人斑が見られます。APP 遺伝子導入マウスでは APP の産生が亢進し、その結果アミロイドβの沈着も亢進、老人斑が形成されたと考えられます。

動物種ごとに寿命とアミロイドβの沈着時期が決まっていると考えてみましょう。ある年齢になると不溶性アミロイドβが沈着し始めます。人では 40 歳くらいから、犬の場合は 10 歳くらいからだと思います。アミロイドβの沈着は加齢にしたがって重度になります。さらに、引き続いて NFT が形成されます（アミロイド仮説）。これに対し、サルと犬ではアミロイドβの沈着は起こりますが、NFT 形成までは到達しません。その前にがんや腎臓病などほかの疾患で死亡してしまうのです。マウスに至ってはアミロイドβの沈着すら起こりません。沈着する前に死んでしまいます。

この現象を説明するためにはどうすればよいでしょう。それぞれの動物種で寿命を延ばすことができれば簡単です。サル、犬、マウスについて、なんらかの方法で NFT 形成ゾーンまで寿命を延ばすことができればよいのです。でも、これは無理ですね。いくら科学が進歩しても、このように極端な不老長寿はそう簡単には実現できません。次に近年急激に進歩している遺伝子操作技術を用いる方法が考えられます。APP やタウの遺伝子を受精卵に導入して遺伝子改変動物をつくり、それぞれのタンパク質の産生を加速すればよいのです。これはできそうです。実際に、APP またはタウ、あるいは両方の遺伝子を導入したマウスがつくられ、加齢により老人斑、ついには NFT 様の構造が認められたという報告が出ています。ただし、犬やサルでこのような遺伝子組み換え動物をつくることは、技術的にもかなり先のことになるでしょうし、その前に比較的高等な知能を有する犬やサルで遺伝子組み換えを行うことに対して、さまざまな動物倫理的問題が出てくると思います。

動物種にかかわらず、脳の寿命はほかの臓器に比べて長いのかもしれません。脳の老化スピードはほかの臓器に比べてゆっくりであるといいかえられます。人も含め動物は生命維持に重要な臓器が障害されると死んでしまいます。脳では老化にともなって APP が異常分解され、アミロイド β と NFT がつくられるのですが、人以外の動物ではそれらの沈着が重度になる前にほかの臓器の寿命が尽きて死んでしまうのでしょう（図 7-13）。人も大昔は同様であったと思います。医療の急速な進展によって脳以外の臓器の寿命が延び、多くの人が高齢まで生きるようになると、アミロイド β の沈着（老人斑、血管壁アミロイド沈着）や NFT の形成、そして神経細胞の消失がめだつようになります。これがアルツハイマー病なのです。すなわち、アルツハイマー病は加齢による脳病変が

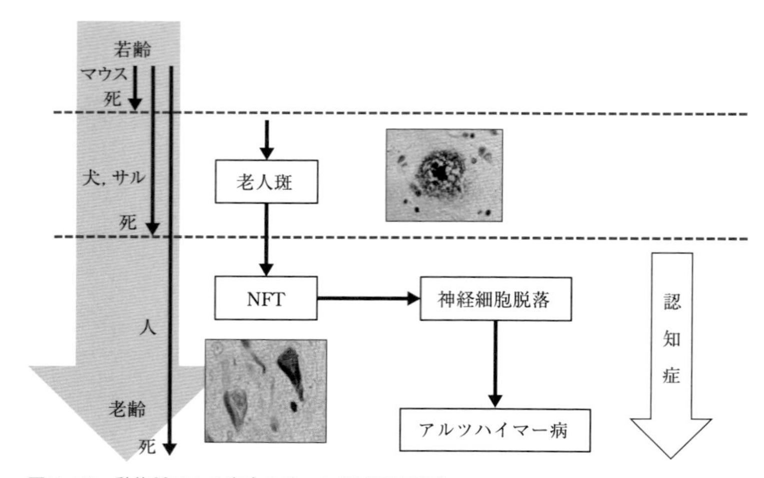

図 7-13　動物種による寿命の違いと脳病変の進化。

進展したために生じたと考えられます。

犬やサルの場合、アミロイド β 沈着は観察されますが、NFTの形成までは至りません。遺伝子導入していない野生型マウスではアミロイド β の沈着も起こりません。寿命が足りないのです。したがって、「人以外の動物にはアルツハイマー病はない」ということになります。人だけが唯一アルツハイマー病にかかるのです。

ところが、前述したように、私たちの研究室のC助教は老齢猫の脳にアルツハイマー病の病変であるNFTを見つけてしまいました。したがって、これまで私たちが唱えてきた「人以外の動物にはアルツハイマー病はない」という説はまちがいになります。科学研究の過程で構築される仮説には夢があります。研究者はこうあればよい、こうあってほしいという思いを実現するため、さまざまな角度から事象を観察し、実験を行います。ところがこれがなかなか曲者で、思いどおりになることはほとんどありません。しかし、ごくまれに幸運の女神がほほえみます。私たち生命科学の研究者はその一瞬の喜びのために日夜研究に励んでいるのではないでしょうか。ただし、その思いが強すぎ、かつ研究倫理に疎い研究者の場合、不正に走る可能性が高くなります。さて、人以外の動物にアルツハイマー病はあるのでしょうか。この疑問に対する解答はまた先延ばしになってしまいました。

7.6 第7章のまとめ

1. 老齢犬の認知症様症状はアポトーシス脳細胞の数と相関する。老人斑の数とは相関しない。
2. 老齢哺乳類（犬、猫、ラクダ、サル類、クマ類など）、鳥類（アカゲラ）も高齢者と同様の脳病変を示す。ただし、ネコ科動物を除きNFTはない。
3. 長寿命動物（人）はNFTを示すが、中短寿命動物（犬、サル、マウス）は示さない。
4. 犬、サル、マウスも、寿命が延長すればNFTを発現する可能性がある。
5. 脳の老化スピードはほかの臓器・組織より遅い。
6. 老齢猫にNFTが観察されたので、「人以外の動物にアルツハイマー病はあるのか」という疑問はまだ解決されていない。

8 病気の進化

8.1 進化医学

この章では、まず初めに本を2冊紹介したいと思います。1冊目は、『病気はなぜ、あるのか――進化医学による新しい理解』（ランドルフ・M・ネシーほか著、長谷川眞理子ほか訳、新曜社、2001年）、もうひとつは、『人はなぜ病気になるのか――進化医学の視点』（井村裕夫著、岩波書店、2000年）です。いずれも「進化医学」に関する本なのですが、そもそも「進化医学」とはなんでしょうか。2冊目の著者は元・京都大学総長の井村裕夫先生ですが、「進化医学」を「病気の成立機構を生命進化の立場から理解し、対策を考えようとする学問の方法論」と定義しています。すなわち、生命体の進化とともに病気も進化してきたと考えることで、病気という現象を別の視点から眺めてみよう、という医学の一体系なのです。したがって、動物種間で病気を比較するという研究手法が有用になります。たとえば、乳癌について、人、犬、猫で病態や治療法などを比較していく研究法です。この手法は、まさしく比較医学である獣医学の研究手法そのものです。また、「進化医学」という日本語のもとになった英語は「evolutional medicine」ですが、「Darwinian medicine」という語もしばしば用いられています。進化論の父、チャールズ・ダーウィンの名前が入った言葉は、進化にもとづく病気の理解という概念にぴったりとあてはまり、まさにいいえて妙だと思います。

進化医学の例として、これらの本からいくつかの事例をピックアップしてみましょう。マラリアという感染症を知っていますか。マラリア原虫が赤血球に感染して起こる熱帯および亜熱帯地方の病気です。原虫というのは単細胞の寄生性生物のことで、動物に感染して病気を起こすものとして、マラリアのほかに赤痢アメーバやトキソプラズマなどが知られています。一方、鎌状赤血球貧血症という病気がありますが、アフリカ、地中海沿岸、インドなどに多い遺伝病で、ヘモグロビンSという異常遺伝子により生じます。この遺伝子を持つ人では、円盤形の赤血球の多くが鎌形になってしまいます。鎌形の赤血球はすぐに壊れ、保因者は重度の貧血を呈します。ところが、ヘモグロビンS遺伝子を持つ人はマラリア感染に対して抵抗性を示します。マラリア原虫は鎌状赤血球に感染できないからです。そのため、本来であれば淘汰されるべき異常なヘモグロビンS遺伝子が絶えることなく保存されてきました。東アフリカ人のじつに40パーセントが鎌状赤血球貧血の遺伝子（ヘモグロビンS遺伝子）を持っているそうです。

1963年にアメリカ人のJ・V・ニールは「倹約遺伝子」という概念を唱えました。これは、慢性的な飢餓状態においてまれに飽食したとき、過剰のエネルギーを貯えるための遺伝子で、野生の動物にとっては欠くことのできない遺伝子です。人類も昔は食うや食わずの状態で生きていたので、「倹約遺伝子」はやはり重要な遺伝子だったのでしょう。そして、この遺伝子は現代人にも残っているというのです。ところが、現代では、人やペットはつねに飽食状態にあるため、倹約遺伝子が恒常的にはたらいて摂取したエネルギーを蓄積してしまうことから肥満や糖尿病などの代謝病を起こすのであろうという説です。

前章でアルツハイマー病の話をしました。APPの異常切断によって生じるアミロイドβの脳内沈着が発病の引き金になると説明しました。通常生存に不利となる遺伝子は淘汰されて消え去るものですが、このAPP遺伝子は認知症という病気を起こすにもかかわらずなぜ淘汰されなかったのでしょうか。APP遺伝子の機能はまだはっきりとわかっていないのですが、おそらく動物の若い時期に生存に有利なはたらきを担っている可能性があります。人類でもアルツハイマー病を発症する老齢期になる前にほかの原因で死亡するのが自然なのですが、医学の発達により長命になったため、寿命の後期でAPP遺伝子が不利の形質を発現し、アルツハイマー病が生じたと考えてみてはいかがでしょうか。じつは、人以外の動物にもAPPと同様の遺伝子があります（犬、猫にも、そしてカエル、ハエ、線虫にも！）が、アルツハイマー病はありません。これも前章で述べましたが、これらの動物は人に比べて寿命が短いためと考えています。

このように、進化医学では感染体と宿主との関係、遺伝子進化と病気、動物の進化と病気の進化などについて、生命進化を軸としてさまざまな考察を行っています。進化医学の最終的な研究対象は人の病気なのですが、そこへ到達するまでの過程はまさに比較医学である獣医学そのものといってよいでしょう。進化医学に関連する最近の書籍をいくつかあげておきましょう。進化医学、比較医学に興味を持たれた方はぜひ読んでみてください。『内科医からみた動物たち――カバは肥満、キリンは高血圧、ウシは偏食だが…』（山倉慎二著、講談社ブルーバックス、2002 年）、『ヒトはなぜ病気になるのか』（長谷川眞理子著、ウェッジ選書、2007 年）、『迷惑な進化――病気の遺伝子はどこから来たのか』（シャロン・モアレム著、矢野真千子訳、NHK 出版、2007 年）、『人間と動物の病気を一緒にみる――医療を変える汎動物学（ズービキティ）の発想』（バーバラ・N・ホロウィッツほか著、インターシフト、2014 年）。

8.2 獣医学の七不思議

獣医学には「七不思議」があります。というか、私が勝手につくりました。七不思議といいましたが、とりあえずは 5 つです。今後増やしていく予定です。すなわち、いまだ解決されていない獣医学研究上の諸問題です。「獣医学」を「進化医学」といいかえて、進化医学の七不思議といってもかまいません。それらを紹介し、少しくわしく説明してみましょう。5 つの不思議は、① 白血病ウイルスが存在する動物種と存在しない動物種がある、② 犬の乳腺腫瘍の多くは良性であるが、猫の乳腺腫瘍はほとんどが悪性である、③ 肥満細胞腫瘍は犬と猫では多く、人では非常に少ない、④ 哺乳類ではラクダの仲間だけがへら状の赤血球を持つ、そして ⑤ アルツハイマー病やパーキンソン病は人以外の動物には存在しない、です。これらの不思議は、進化医学的アプローチにより解決を見る可能性があります。① から ③ は第 5 章で、また ④ と ⑤ については、それぞれ第 3 章と第 7 章で取り上げました。本章では ① と ③ について、さらにくわしく説明したいと思います。

まずは ① です。ウイルス、細菌、寄生虫などの感染により生じる病気を感染症といいます。このような感染体は感染した個体（宿主といいます）の体をじょうずに利用して、自らの増殖を図っています。その結果、宿主が病気になるとき、これらの感染体を病原体と称します。もちろん宿主側も黙っているわけではなく、さまざまな手立てで対抗しています。すなわち、いろいろな抗菌性生理活性物質を産生分泌したり、免疫系の機能を強化して特定の病原体を排除しようとします。さらに、人類は消毒薬や抗生剤を開発し、病原体に対抗しています。病原体側もさらに対抗します。生理活性物質を中和する作用を持つ物質を産生したり、宿主の免疫機構への抵抗性を獲得したりします。たくみに変異を繰り返し、抗生剤への抵抗性も獲得します。しかし、宿主もこれに対抗し……。ということで、延々といたちごっこを繰り返しているのです。そのうち、双方とも疲れ果てて（？）たがいの妥協点を見つけ出します。すなわち、「共生」です。とにかく、おたがい争わず、あまりエネルギーを使わず、気楽に生きていこうや、という合意（？）に達したのです。さて、「レトロウイルス」という種類のウイルスは白血病を起こすウイルスとして知られていますが、一部のレトロウイルスは宿主に感染後、白血球の遺伝子に入り込みしばらくじっとしています。そして、入り込んだ細胞が分裂増殖する際に宿主細胞の遺伝子の一部として増殖し、なにかの機会に感染細胞を壊してほかの細胞へと広がるのです。エネルギーを使わず、感染細胞の増殖に乗じて自らを増やすきわめて巧妙かつ効率的な増殖方法です。この際、レトロウイルスの遺伝子が宿主細胞を支配して、どんどん増殖させ、白血球のがん、すなわち「白血病」を発病することがあります。前置きが長くなりました。このレトロウイルスですが、動物種に特異的に存在しています。つまり、人には人の、猫には猫のレトロウイルスがあり（1 種類の動物に複数存在することもあります）、ある動物種のレトロウイルスはほかの動物種には感染しません。いろいろな動物種に特有のレトロウイルスがあるのですが、なぜか犬にはこのウイルスが存在しません。じつは存在するが見つかっていないだけなのか、以前は存在したが進化してほかの動物種のレトロウイルスになってしまったのか、今のところまったくわかっていません。

続いて ③ です。肥満細胞は白血球の仲間で体のあちこちに存在します。さまざまな機能を持っていますが、とくに喘息やアトピーなどが含まれる I 型アレルギーに関与しています。すなわち、喘息やアトピーを起こす抗原タンパク質が体内に侵入すると、これに対して IgE（免疫グロブリン E）抗体が産生されます。この抗体は肥満細胞の表面に存在する Fc レセプターに結合します。この状態を「感作」と呼びます。しばらくして同一の抗原タンパク質が再度体内に侵入すると、肥満細胞の表面に結合している抗原特異的 IgE に結合しシグナルが細胞内に伝達され、細胞内に蓄積しているヒスタミン、セロトニン、ヘパリンなどの生理活性物質が細胞の外に放出されます。このうちヒスタミンは気管支内腔を狭窄する作用があるため、喘息発作が起こり、また皮膚の血管の拡張によりアトピー性炎症が生じます。このような肥満細胞が腫瘍化したものが肥満細胞腫です。犬や猫の腫瘍のうちそれぞれ3分の1は乳腺腫瘍ですが、肥満細胞腫はそれに次ぐ発生頻度です（図5-4参照）。第5章で述べたように、人にも肥満細胞腫はあるのですが、その発生は非常に少なく、とてもまれな腫瘍とされています。犬・猫と人は同じ哺乳類で正常肥満細胞の機能もほぼ同じです。肥満細胞の数や分布も似たようなものです。それなのになぜ肥満細胞腫の発生頻度はこうも異なっているのでしょうか。細胞増殖に関連する遺伝子の発現レベルの相違などが提唱されていますが、残念ながら答えはまだ見つかっていません。人、犬、猫以外の動物では牛、馬、豚に肥満細胞腫の報告がありますが、多くはありません。ただし、これらの動物種では病理検査がまれにしか行われないので、肥満細胞腫の発生頻度について判断できないというのが現状です。将来、さまざまな動物種で病理検査が実施され、腫瘍の発生に関する十分なデータが蓄積されれば、肥満細胞腫の発生についても進化学的視点からの解析が可能になると思います。

8.3 病気の原因とがん、神経変性疾患

図8-1の左上は40年前、私が東京大学農学部畜産獣医学科3年生のときに受講した「家畜病理学総論」第1回目の授業ノートです。担当は家畜病理学教室教授の藤原公策先生でした。「病気とはなにか」という質問に対する解答として、黒板に大きくこの図を書かれました。人間も含め動物の体は構造（かたち）と機能（はたらき）が織りなすシステムで、構造も機能も、過剰ではなく、かつ不足もない状態、すなわち原点（ゼロ点）が健康状態（正常）である、と説明されました。また、原点から多少ずれてももとに戻そうとする能力があり、これを恒常性の維持、ホメオステイシス（homeostasis）という、そして病気とはホメオステイシスが破綻した状態、原点に戻れなくなった状態とおっしゃったのです。確かに病理学の教科書では、病気を生体の恒常性の乱れ、正常範囲からの逸脱と定義していますが、この図のように生体システムを形態と機能に分けて二次元軸に割りあて、その座標に病理学総論で扱う病変をプロットして、病

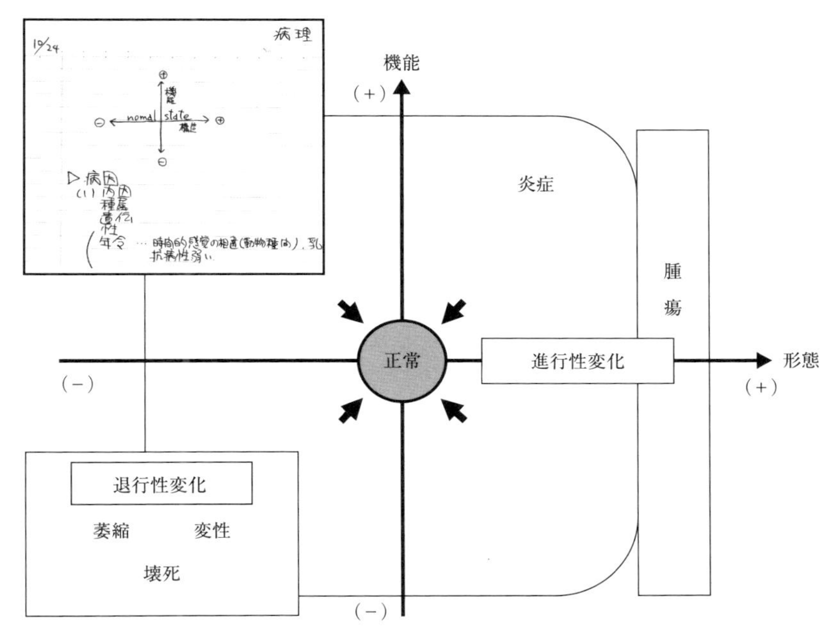

図 8-1　病気の概念。病気とはホメオスタイシス（恒常性の維持：矢印）の破綻である。矢印の力がなくなると、退行性変化（萎縮、変性、壊死）、進行性変化、炎症、腫瘍などのさまざまな病的状態が生じる。左上は 1972 年 10 月 24 日、大学３年生のときの家畜病理学総論のノート。

理学の全体を初学者である学生に俯瞰させるという手法は、今考えても斬新なものでした。私が病理学総論を教える際も、やはり最初に病気を定義しますが、この講義を担当して以来、毎年この図（図 8-1）を使って説明しています。

40 年前のノートにも記載されていますが、病気を起こす原因を「病因（etiology)」といいます。病因は大きく「内因」と「外因」の 2 つに分けられます。内因は体に内在する病気の原因です。たとえば性ですが、精巣の腫瘍は雄にしか起こりませんし、卵巣や子宮の病気は雌にしか起こりません。また、がんやアルツハイマー病の最大のリスク因子は加齢です。一方、外因は体の外にある原因で、まずは栄養と環境要因に分けられます。環境要因には物理的原因、化学的原因、生物学的原因が含まれます。物理的原因としては、熱、放射線、紫外線、機械的刺激など、化学的原因は酸や塩基などの刺激物質、中毒を誘発する化学物質など、生物学的原因にはウイルス、細菌、真菌（カビの仲間）、寄生虫があります。人の病因の変遷について、京都大学の丹羽太貫先生は、以前は

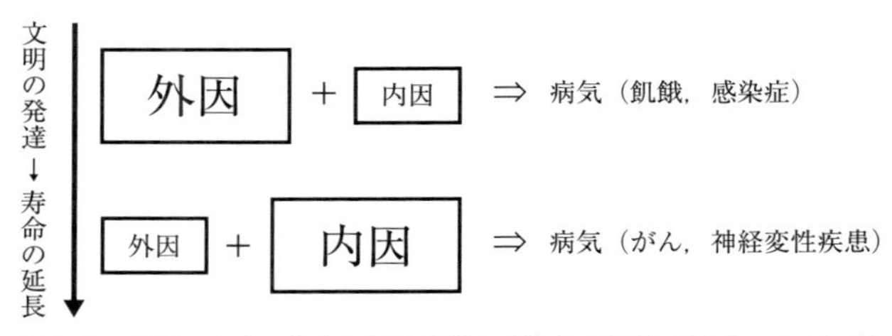

図 8–2　病因の変化。昔は病気は飢餓や感染症（外因）が多かったが、近年は遺伝子 DNA の傷害により生じる「がん」、変性タンパク質の蓄積により生じる神経変性疾患（内因）が増加した。文明の発達により寿命が延長し、遺伝子やタンパク質の寿命が動物の寿命より早く尽きたときに発症する。京都大学・丹羽太貫先生の説。

飢餓や感染症などの外因が主であったものが、文明の発達とともに寿命が延び、近年ではがんやアルツハイマー病のような神経変性疾患など内因による病気が増加していると述べています（「高齢化疾病に見る遺伝子プログラムの限界」学士会会報第 843 号、2003 年、図 8–2）。第 5 章で述べたように、がんは遺伝子病です。「DNA 病」ともいえます。細胞増殖に関連する遺伝子が傷害され、増殖に歯止めがかからなくなった状態ががんです。一方、アルツハイマー病のような神経変性疾患はアミロイドβなどの不溶化タンパク質が沈着して生じます。すなわち「タンパク質病」です。がんも神経変性疾患も加齢が最大のリスク因子で、それらの多くは高齢で発症します。DNA やタンパク質にも加齢や寿命があり、それぞれ変異・変性として顕在化するのではないでしょうか。昔は感染症などのため多くの動物個体が、DNA やタンパク質が変異・変性するより先に死を迎えていました。ところが、文明の発達や医療および獣医療技術の進歩により、人も含めた哺乳動物の寿命が延長しました。その結果、個体が生存している間に、ある種の DNA やタンパク質の寿命が尽きてしまい、DNA 病（遺伝子病）であるがんとタンパク質病である神経変性疾患を発病してしまったのです。すなわち、文明の発展により生じた病気の進化と考えられます。

8.4 スーパーシステムとしての生体と病気の発生

ゲノム（genome）という言葉を聞いたことがあると思います。「遺伝情報の総体」を意味する言葉で、ある生物が有する DNA 上の全遺伝情報を表します。

また、ゲノムを研究する学問分野をゲノミクス（genomics）と呼んでいます。同様に、メッセンジャー RNA（mRNA）の総体をトランスクリプトーム（transcriptome）、その解析分野をトランスクリプトミクス（transcriptomics）、生体の構成タンパク質の総体をプロテオーム（proteome）、解析分野をプロテオミクス（proteomics）、生体の物質代謝の総体とその分野をそれぞれメタボローム（metabolome）およびメタボロミクス（metabolomics）と呼びます。さらに、生体における生命反応の総体はシステオーム（systeome）と呼ばれ、生命現象を物質代謝ネットワークとしてとらえ理解する学問分野であるシステムバイオロジー（system biology）の根幹をなしています。これが個体間あるいは生物種間ネットワークのレベルになると、その総体は生態系（ecosystem）と呼ばれます。さらに、イギリスの進化学者・動物行動学者のリチャード・ドーキンスは、著者『利己的な遺伝子』の中で「文化の伝達や複製の基本単位」としてミーム（meme）という概念を提案しました。すなわち、人類が培ってきた文化も遺伝子と同じように複製し、伝達されるという概念です（図 8-3）。

生態系とミームはさておき、動物生体内で起こっている生命反応の総体、すなわちシステオームについて考えてみましょう。あたりまえのことですが、生体内で起こっている反応は非常に複雑です。これをすべて細部まで理解することはまず不可能でしょう。図 8-4 に示したように、反応系自体はブラックボックスであっても、反応系への入力（input）と出力（output）をとらえることができれば、とりあえずはこの反応を理解できると思います。このような複雑な反応系がさらに集まり、非常に複雑な超反応系（スーパーシステム）が形成されます。これが生命体システムの本質なのではないでしょうか。2004 年の Nature 誌に大腸菌の代謝流量に関する論文が掲載されました（Almaas, E. *et al.* Nature 2004）。この論文の著者は、生物の代謝にはさまざまな経路があり複雑極まりないが、実際には代謝全体の活性は流量がきわめて大きい少数の反応に支配されている、と述べています。実際は数え切れないほど多くの副反応や迂回路などがあるのですが、全体としては少数の大きな反応に支配されているように見えるのです。したがって、反応システムの全貌を理解するのはほとんど不可能に近いと思いますが、システムへの入力とそれに対応する出力については記述が可能です。システムが正常に保たれている限りは、すなわち健康な状態である限りは、ある入力に対して決まった出力がなされますが、病気になるとこの

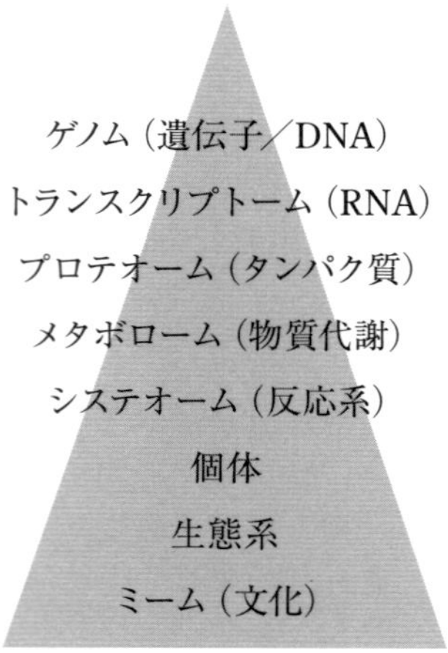

ゲノム（遺伝子／DNA）
トランスクリプトーム（RNA）
プロテオーム（タンパク質）
メタボローム（物質代謝）
システオーム（反応系）
個体
生態系
ミーム（文化）

図 8-3　ゲノムからミームまで。それぞれのレベルにおける事象が階層的に関連し合っている。

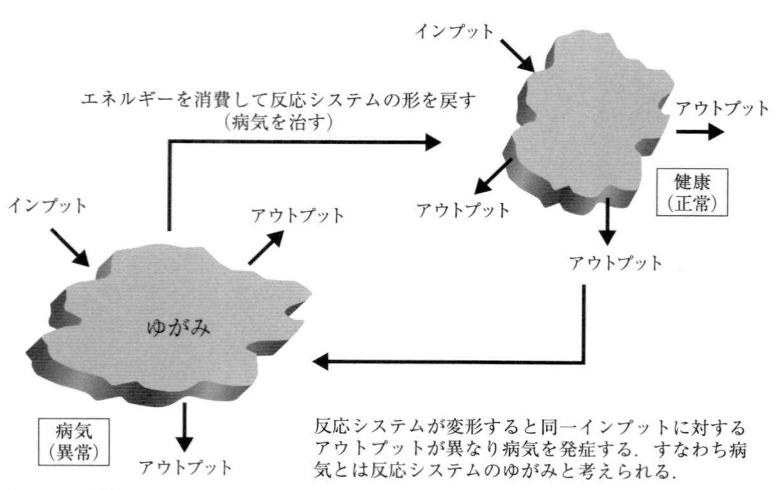

図 8-4　生体における反応システムのゆがみと病気。

システムがゆがみ、同じ入力に対して健康のときとは異なる出力が誘導されます。前節で「病気とはホメオステイシスが破綻した状態、原点に戻れなくなった状態」と述べましたが、生体を反応系のシステムとしてとらえる視点で考えると、「病気とは生体の反応システムのゆがみ」といいかえられます。ゆがんだ反応系はエネルギーを使ってもとに戻すことになりますが、これが病気の治癒過程に相当するのではないでしょうか（図 8-4）。

本章では、病気の進化について述べ、病気とはなにかという根本的な疑問に対する解答を試みました。18 世紀、ドイツの病理学者ルドルフ・ウィルヒョウは、病気は細胞機能の異常によって起こるという考えにもとづき、「細胞病理学」の重要性を唱えました。さらに時代が下り、細菌やウイルスなどによる感染症や遺伝子異常、それらに起因する生体内の物質代謝異常が病気の発生に大きく関与していることが明らかになってきました。そして、ウィルヒョウ以降、病気を細胞レベル、分子レベルの異常に求める「還元論」が長い間病理学を支配してきました。もちろん還元論は重要ですし、病理学総論は還元論にもとづいています。しかし、これからは病気を生体システムの異常としてとらえる「現象論」にも着目すべきだと思います。人工生命や複雑系科学の研究者である名古屋大学の有田隆也博士は「生物とはモノであるのに対し、生きているというのはコトである」と考えています。そして、より普遍的な生命に対する理解のためには「モノ的生命観」を超えて「コト的生命観」をつくりだすべきであると述べています（『生物から生命へ——共進化で読み解く』有田隆也著、ちくま新書、2012 年）。病気はまさしく「コト」です。病気の研究は「モノ」を対象として進展してきましたが、その本質を理解するには、病気を「コト」として考えることも必要です。40 年間病気について研究し、「病気とはなんだろう」といつも考え続けてきましたが、たどり着いたのは学生時代に学んだ病気の概念に生体を反応系のシステムとしてとらえる視点を加えた、「生体の反応システムがゆがんだ結果、恒常性（ホメオステイシス）が破綻した状態」という答えでした。

8.5 第8章のまとめ

1. 「進化医学」という医学の分野は「病気の成立機構を生命進化の立場から理解し、対策を考えようとする学問の方法論」と定義されているが、じつは比較医学である獣医学そのものであると考えられる。
2. 「獣医学の七不思議」とはいまだ解決されていない獣医学研究の諸問題であるが、進化医学的アプローチにより解決される可能性がある。
3. 人も含め動物の寿命が延長した結果、遺伝子の異常で生じるがんや変性タンパク質の沈着で生じる神経変性疾患などの内因性疾患が増えてきた。
4. 病気とは「生体の反応システムがゆがんだ結果、恒常性（ホメオステイシス）が破綻した状態」と考えられる。

9 老化の進化

9.1 動物の寿命を決めるもの

『ゾウの時間ネズミの時間』といえば、いわずと知れた本川達夫先生ご執筆の大ベストセラーです。1992年に初版が発売され、これまでに80万部以上も売れたとか。動物のサイズによって生命現象の時間の流れ方が異なるというなかなか難解なテーマを扱っていますが、私も本川先生のじつに歯切れのよい簡単明瞭な説明に乗せられて、時間を忘れて読みふけったものです。生物学の専門家でなくても、興味が途切れることなく読み続けられる本です。私は一応理科系の人間ですが、どちらかというと数学や物理学は苦手で、生物学の教科書や専門書でも数字が出てくると読み飛ばしたりしていましたが、この本に登場する数式は数学アレルギーの人でも理解できます。私なりにごく大雑把にこの本の要点を述べると、① ネズミのようなサイズの小さい動物はゾウのような大きな動物に比べて代謝速度や心臓の拍動が早い、すなわち時間の流れが早い、② 一般的にサイズの小さい動物は大きな動物に比べて寿命が短い、③ 一生の心臓拍動数（心拍数）は約20億回で、どの哺乳動物でもだいたい同じである、④ 標準代謝量は体重の4分の3乗に比例する、ということだと思います。実際ネズミはソワソワ、チャカチャカと動き回って生き急ぎ、ゾウはゆったり行動し鷹揚に生きているのです。人も含めネズミとゾウの中間のサイズの動物は、これらの間の時間の流れの中に生きているのでしょう。

私たちに身近な動物の例として犬の時間を考えてみましょう。犬には体重が3キログラムに満たないチワワから90キログラム以上になるセントバーナードまで、じつに多種多様な品種がいます。犬の心拍数は人よりだいぶ多く、1分間に80から180程度といわれています。小型犬のほうが大型犬よりかなり多いようです。ちなみに人は安静時60から70です。前述した動物のサイズと心拍数の関係から推測すると、大型犬のほうが寿命が長いと考えられますが、実際は大型犬の寿命は小型犬より短いのです。日本ペットフード協会の 2017 年の調査では、超小型犬の平均寿命が 15.01 年、小型犬が 14.66 年であるのに対し、中型・大型犬は 13.29 年となっています。行動や動作を見ると小型犬のほうがあくせく生き急いでいるような気がしますが、小型犬はおもに屋内で飼育されているのに対し、中型犬、大型犬は屋外飼育が多いことが寿命の相違になったものと考えられています。屋外のほうがさまざまなストレスにさらされる可能性が高く、それが心拍数の少なさを凌駕したのではないかと思います。ちなみに猫の場合、外に出ない猫の寿命は 16.25 年ですが、外に出る猫の寿命は 13.83 年とずいぶん異なっています（日本ペットフード協会 2016 年調査）。人が飼育している動物は同種の野生動物より長寿ですし、とくに犬や猫の寿命は近年獣医療が急速に発達したため大幅に延びています。

繁殖終了後寿命（postfertility lifespan）という言葉があります。子孫を設け繁殖を終了した後の生存期間のことです。表 9–1 は 2017 年に発表された論文か

表 9–1　各種動物の最大寿命と繁殖終了後寿命。

動　物　種	最大寿命（年）	繁殖終了後寿命（年）	繁殖終了後寿命の割合（%）
人	110	45	40.9
牛	30	5	16.7
犬	15	3.5	23.3
猫	21	8	38
ホッキョクグマ	30	4	13.3
チンパンジー	48	9	18.8
ゴリラ	30	4.5	15.0
ニホンザル	35	4.5	12.9
コンドル	65		
鶏	>30		
コイ	47		
トノサマガエル	15		
イエバエ	76 日		
プラナリア	1 年 2 月		
ミジンコ	108 日		

ら引用したものですが、いろいろな動物の最大寿命、繁殖終了後寿命および最大寿命における繁殖終了後寿命の割合（パーセント）を示しています。人の場合、最大寿命を110年、繁殖終了後寿命を45年としていますので、繁殖終了後寿命の割合は40.9パーセント（45/110）になります。ほかの動物種に比べてずば抜けて大きくなっています。ちなみに犬は23.3パーセント、猫は38パーセント、人にもっとも近いチンパンジーはなんとたった18.8パーセントです。人は子どもをもうけて子育てが終わった後も生存し、さらには孫の世話までするというように、ほかの動物であればとっくに寿命を迎えるころになってもまだしぶとく（?）生存しています。人の場合、1産1子が基本ですので、生まれた子を一人前になるまで長時間育てることで種の存続を保証しているのでしょう。これに対し、マウスやラットなどのげっ歯類は多産で、親による飼育は約3週間の授乳が終わるとすぐに終了します。種の保存を飼育期の長さで保証するか、多産で保証するか、というトレードオフ（trade off）と呼ばれる妥協戦略を余儀なくされているのです。

9.2 老化と寿命

「老化」とはいったいなんなのでしょうか。広辞苑を引いてみると「年をとるにつれて生理機能がおとろえること」と記されています。あるいは、ウィキペディアには「生物学的には時間の経過とともに生物の個体に起こる変化。その中でも特に生物が死に至るまでの間に起こる機能低下やその過程を指す」となっています。また、ある生物学の教科書には「時間の経過とともに不可逆的に進行する形態的、生理的な生体の衰退現象」と書いてあります。いろいろな定義がありますが、とくに重要なのは「不可逆的な衰退現象」ということです。「不可逆的」というのはもとに戻らないということです。古来人類は不老長寿の薬を求めて深山幽谷、絶海の孤島、人跡未踏の地を旅してきました。また、ほんとうかうそかはともかく、錬金術を駆使して不老不死の妙薬をつくり続けてきました。にもかかわらず、体の衰退は一方的に進み、もとに戻すことはできませんでした。

「老化」に関連した言葉に「寿命」があります。これも広辞苑を引いてみると「命のある間の長さ」というふうに説明されています。さらに、ウィキペディアでは「命がある間の長さのことであり、生まれてから死ぬまでの時間のことである」となっています。寿命には「最大寿命」と「平均寿命」があります。前者は「個体集団で最後まで生き残った個体が生まれてから死ぬまでの期間。動物種により異なる」、後者は「0 歳児の平均余命（それぞれの年齢における平均生存年数)」と定義されています。

最大寿命は、個体集団、すなわち日本人とか、あるいは犬、猫など同一カテゴリーの個体の集団においてもっとも長く生きた個体の生存期間です。きちんとした記録では、日本人の最大寿命はこれまでのところ大阪府に在住していた大川ミサヲさんの 117 歳 27 日、世界的にはフランス人ジャンヌ・カルマンさんの 122 歳 164 日が最長です。したがって、人間の最大寿命は約 120 歳といわれています。動物の場合、犬は 29 歳、猫は 25 歳くらいまでは生きるようです。子どもを母乳で育てる哺乳動物では、一般に体が大きい動物種ほど長生きの傾向があります。体が小さいげっ歯類に比べると体が大きいゾウやクジラははるかに長生きです。これに対し、鳥類、は虫類、両生類、魚類など哺乳類以外の脊椎動物の最大寿命はまだよくわかっていません。縁日の金魚すくいで手に入れた金魚が 20 年も生きているという話はよく聞きますし、40 年前に足輪をつけたミズナギドリが回収されたという記事を読んだこともあります。ただし、それはごくまれな例であって、これらの動物でも多くの個体は数年以内に死んでしまうのでしょう。表 9-1 によると、一般的に体が小さい動物ほど、また下等な動物ほど最大寿命は短いようです。

人の平均寿命はときどきテレビや新聞で話題になりますので、ご存じかと思います。2015 年の日本人の平均寿命は男性 80.79 歳、女性 87.05 歳です。世界の中でもずばぬけて長寿です。これは 0 歳児の平均余命ですから、統計的な数字です。最大寿命が長い動物種でも、生まれてすぐに死んでしまう個体数が多ければ、平均寿命は短くなります。最大寿命が長いゾウでも、成熟するまでの死亡率が高い野生個体を含めると平均寿命ははるかに短くなります。人は最大寿命も平均寿命もひときわ長く、きわめて特殊な動物なのです。ただし、人の平均寿命が長いのは医学の進歩によるところが大きいことはいうまでもありません。

ここで少し考えてみてください。いったい、老化はあらゆる生きものに起こる普遍的な現象なのでしょうか。人間を含む哺乳動物では老化はどの動物種にもみな同様におとずれる生命現象ですが、老化の進行スピードは前述したように動物種によって異なっています。少し想像を膨らませてみましょう。細菌にも老化はあるのでしょうか。植物も老化するのでしょうか。もし細菌や植物にも老化があるとすれば、それは哺乳動物の老化とどのように異なっているのでしょうか。

こうした老化に関する疑問を解決するためには、老化について生物を構築する要素ごとに考えていく必要があります。すなわち、①「細胞レベル」、②細胞が集まった「組織・臓器レベル」、そして③組織・臓器が集まった「個体レベル」です。生物活動の最小単位である細胞は永遠のものではありません。細胞の分裂回数には限界があり、それを超えると死んでしまいます。また分裂回数が限界に近づくと細胞のはたらき（機能）も低下します。これが細胞の老化です。細胞が老化によって機能低下し、死滅して数が減少すると、その集合体である組織・臓器も機能低下、萎縮を示します。組織・臓器の老化です。さらに組織・臓器が集まってつくられている個体のレベルでも、さまざまな老化現象が進行します。

個体を構成する臓器のうち、生命維持に直接かかわるもの、すなわち脳、心臓、肺などですが、これらの臓器が老化によって機能不全に陥ると、ほかの臓器がいかに無傷であってもその個体は死んでしまいます。長さの異なる板を貼り合わせてつくった水桶を考えてみてください（図9–1）。側面の板の長さが各臓器の寿命で、この桶に水を入れたときの最大水位が個体の寿命です。桶の最大水位はもっとも短い板の長さで規定されてしまいます。この板の長さを生命維持にかかわる臓器の寿命と考えると、ほかの臓器の寿命はまだまだ長いのに、個体は死んでしまいます。後でまたくわしく述べますが、死んだ老齢動物を調べると、とくに脳はまだまだ若々しいのに肝臓や腎臓などの他臓器に病変があって、それが死因となる場合が多く見つかります。老化のスピードは臓器ごとに異なっているようです。

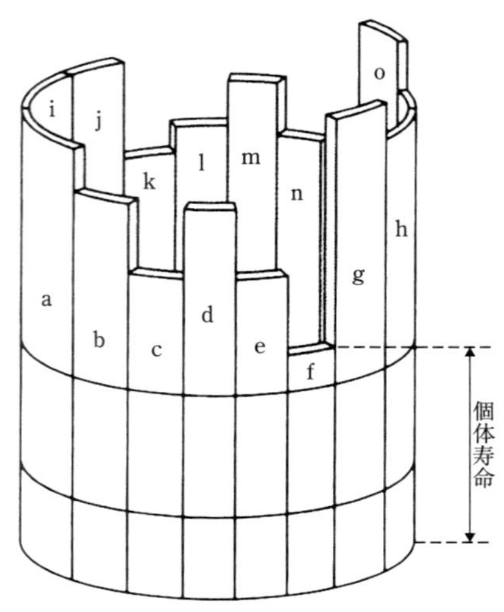

図 9-1　寿命を決定する要因。(a) から (o) の板の長さは各臓器の寿命を表す。この木桶に入る水の量は一番短い板 (f) の長さによって決まる。すなわち、個体の寿命はもっとも寿命が短い臓器の寿命によって決定される。香川靖雄『老化のバイオサイエンス』1996 年、羊土社より改変。

9.3 細胞の老化

1960 年代の初め、アメリカのヘイフリックは「哺乳動物の体細胞は何回かの分裂を繰り返すと増殖を停止し、死滅する」ということを見出しました。これは「ヘイフリックの限界」と呼ばれ、今日でも広く信じられています (図 9–2 左)。哺乳動物から体細胞 (精巣、卵巣に存在し、精子や卵子になる細胞を生殖細胞といいます。体細胞とは生殖細胞以外のすべての細胞のことです) を分離し、試験管内で培養します。細胞は初めのうちは順調に分裂し、どんどん数が増えていきます。ところが、ある回数分裂すると、もうそれ以上は分裂できず、死滅していくのです。この回数が「ヘイフリックの限界」です。そして、ある動物種における体細胞のヘイフリックの限界とその動物の寿命は相関しているのです。さらに、細胞を取ってきた個体の年齢が高いほど、分裂能力 (細胞は試験管内で培養すると分裂して増えますが、そのうち分裂しなくなり死んでしまいます。試験管に移してからの分裂可能回数を分裂能力といいます) は低い、

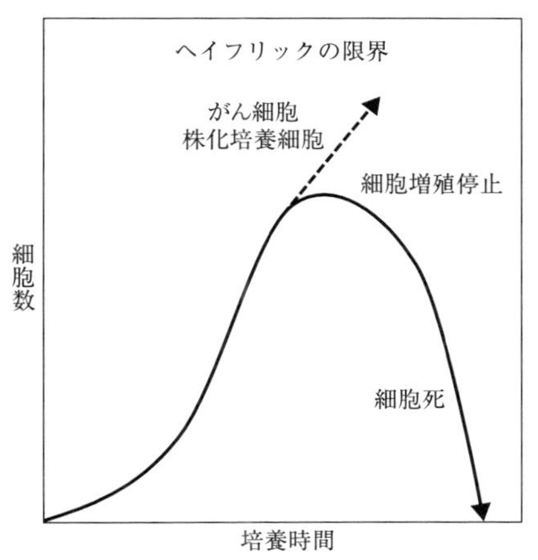

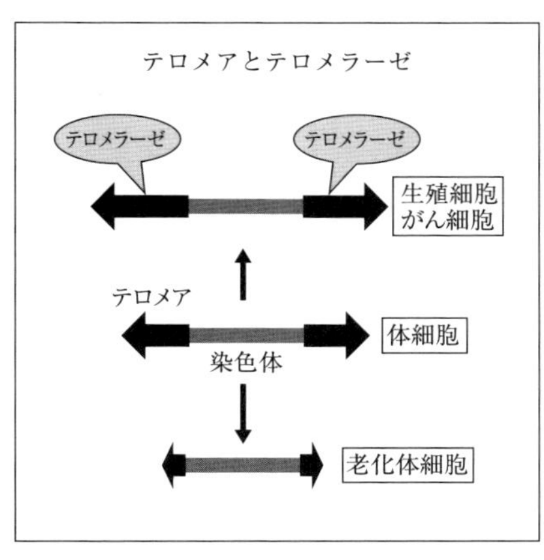

図9-2　ヘイフリックの限界（左）、テロメアとテロメラーゼ（右）。培養細胞は一定の回数分裂増殖すると分裂を停止し、細胞死に陥るが、がん細胞や株化培養細胞はほぼ永久に分裂増殖する（左）。この機構として、染色体の両端に存在するテロメアという構造が関与している。体細胞では細胞分裂のたびにテロメアが短くなり、ついには消失し細胞死をきたすが、生殖細胞やがん細胞ではテロメラーゼという酵素がはたらいて、短くなったテロメアを伸ばし、さらなる分裂能を獲得する（右）。香川靖雄『老化のバイオサイエンス』1996年、羊土社より改変。

ということもわかりました。1996年に誕生した初めてのクローン動物、羊のドリーは6歳の羊の体細胞核を移植した卵子から誕生しました。誕生したときに細胞核の年齢はすでに6歳だったわけです。なお、クローン動物で誕生時に細胞核の寿命がリセットされるかどうかについてはまだ議論が多く、確定されていません。

それでは、細胞の老化、細胞寿命の決定のメカニズムはどうなっているのでしょうか。20年ほど前から「テロメア」あるいは「テロメラーゼ」という言葉が新聞の科学記事、科学雑誌などに登場するようになりました（図9-2右）。テロメアというのは遺伝子の端に存在する意味を持たない構造体と考えてください。遺伝子とは細胞の中に存在し、生物が生きていくのに必要な情報を保存している化学物質で、生命現象をコントロールするプログラムが書かれています。重要な遺伝子に傷がつくと細胞は死滅したり、あるいは異常に増殖してがんになったりします。そして、遺伝子は細胞分裂のたびに端のほうからだんだんと短くなっていきます。遺伝子が短くなっても端にテロメアがあるうちはテロメアのみが減っていくだけなので、重要な遺伝子に傷はつきません。ところが、細胞が何回か分裂するとそのたびにテロメアが短くなり、とうとうなくなって、遺伝子までもが欠損するようになります。こうなると細胞は増殖できず死滅してしまいます。これがヘイフリックの限界を定めているメカニズムなのです。テロメアとは細胞分裂の回数券で、使い切ると細胞が死んでしまうのです。このテロメア短縮によって起こる細胞老化メカニズムを「プログラム説」と呼びます。細胞の老化・寿命は遺伝子によってあらかじめ決定されている、というものです。蛇足ですが、生殖細胞やがん細胞の中には無限に増殖するものがあります。このような細胞には分裂によって短くなったテロメアを伸ばすテロメラーゼと呼ばれる酵素が存在します。テロメラーゼがあれば、テロメアはいつまでたっても消失しませんので、細胞も不死化するのです。

一方で、細胞は外部からさまざまな有害刺激を受けています。紫外線、熱、放射線などの物理的刺激、発癌物質などの化学物質による刺激、ウイルス、細菌、寄生虫などの生物学的刺激です。こういった刺激が直接または間接的に細胞の遺伝子を傷害し、それらが蓄積して、ついに細胞死が起こります。このように細胞への傷害が累積し、遺伝子が変化、細胞が老化、死滅するメカニズムを「エラー破局説」といいます。図 9-3 の左は人の心臓筋のミトコンドリア DNA（mtDNA）の異常、右は 8-OHG という異常 DNA の割合を調べたものです。いずれも 60 歳を超えると急激に増加しています。

プログラム説とエラー破局説、どちらの説が正しいのかまだわかりません。

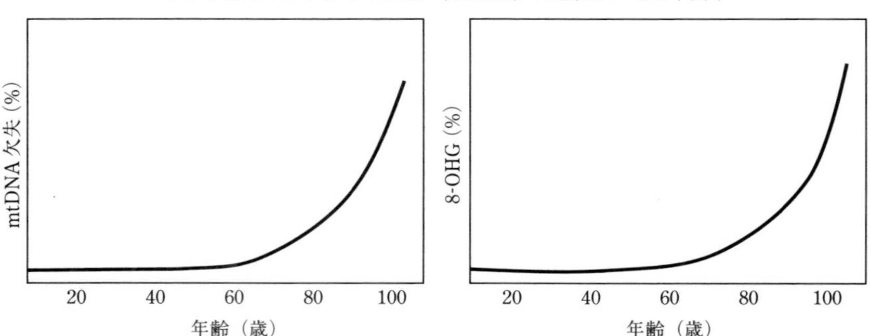

図 9-3　細胞内のエラー蓄積による異常の増加。60 歳を過ぎると細胞内異常（mtDNA 欠失［左］と 8-OHG 割合［右］の増加）の蓄積が顕著になる。香川靖雄『老化のバイオサイエンス』1996 年、羊土社より改変。

たぶん両方正しいのでしょう。両方のメカニズムが相まって、細胞が老化し、死滅していくのだと思います。

9.4 組織・臓器の老化

組織とはいくつかの種類の細胞が集まった機能単位です。上皮組織、線維組織、筋組織などがあります。いくつかの組織が集まって臓器がつくられます。脳、心臓、肝臓などです。細胞の老化によってその集合体である組織・臓器の機能が低下し、また細胞の死滅によって組織・臓器は萎縮します。年をとると身長が低くなりますが、内臓も小さくなります。

さまざまな臓器の重量は、成人を100パーセントとすると、60歳では数パーセントから40パーセント、90歳では15パーセントから90パーセントも低下します。胸の中、肺の上部に胸腺という臓器があります。胸腺には白血球の一種であるリンパ球が多数存在し、免疫に関係したはたらきを行っています。老化による萎縮の割合は胸腺がずば抜けて大きいのです。同じ免疫系の臓器である脾臓、尿をつくる腎臓、そして脳も老化によってかなり萎縮します。また、80歳の腎臓機能、肺機能は30歳の半分ほどになってしまいます。

9.5 個体の老化・死

人間ひとりひとり、動物1匹1匹を個体といいます。老化によって組織・臓器が、機能低下、萎縮すると、それらが集合した個体でも、身長や体重の減少、知覚・運動能力の低下が起こります。また、免疫機能の低下によって感染症にかかりやすくなります。さらにさまざまな腫瘍が発生します。そして、前述したように脳、心臓、肺など生命維持に重要な臓器に重篤な機能不全が起こると、その個体は死んでしまうのです。

9.6 老化を決定することがら

これまで、細胞レベル、組織・臓器レベル、そして個体レベルで老化を検討してきました。それではいったいなにが老化を決定しているのでしょうか。

動物の種類によって体内で起こっている化学的反応、すなわち代謝反応の速度が異なります。代謝反応速度が速いネズミのような動物では呼吸、心拍数が早く、体温も高い傾向があります。寿命は2、3年ほどで、短い一生を駆け抜けていきます。老化スピードが速い動物種ということになります。これに対し、ゾウのように呼吸、心拍数がゆっくりで、体温があまり高くない大型の哺乳類は概して長寿です。1細胞あたりの生涯エネルギー消費量は動物種によらず一定であると考えられています。したがって、代謝速度の速い動物の細胞では生涯エネルギーをあっという間に使い果たしてしまいます。エネルギーを使い果たせば細胞は死んでしまいます。そして、多くの細胞が死ねば個体も死んでしまいます。ですから、細胞にエネルギーを使わせないようにすれば、長寿になるかもしれません。実際、低カロリー（低エネルギー量）の餌でマウスを育てると、寿命が延長することが確かめられています。

同一動物種では、天敵がいない島に隔離された集団、やはり天敵が少ない樹上生活に適応した集団などで老化が遅延する、すなわち寿命が延長する傾向があるようです。天敵というストレスがなくなり、寿命が延長したといわれています。腎臓の上部に副腎という小さな臓器があります。人間も含め哺乳動物は、ストレスを受けとるとこの副腎から副腎皮質ホルモンを分泌します。このホルモンと老化との関係がとりざたされています。

生殖と老化の関係もとても重要です。哺乳動物では、一般に生殖行動に費やす労力が大きいほど、老化が促進され寿命は短縮します。事実、多産の動物ほど早く死んでしまいます。また、子どもをつくることができる期間、すなわち生殖期間（初潮から閉経まで）が長いほど、寿命が短いようです。生殖に関係する臓器（卵巣、子宮など）での細胞増殖が亢進し、その結果、その臓器で腫瘍が発生しやすくなるためと考えられています。

9.7 植物の老化

前節までは、おもに哺乳動物について老化を論じてきました。それでは哺乳動物以外の生物における老化のしくみはどうなっているのでしょう。この節では植物の老化について考えてみましょう。

植物の老化については、鈴木英治先生が書かれた『植物はなぜ5000年も生きるのか——寿命からみた動物と植物のちがい』（講談社ブルーバックス、2002年）というタイトルの本にくわしく述べられています。この本はたいへんおもしろく、老化を考える際に示唆に富むことがたくさん書かれています。

図9-4を見てください。この本に出ている図です。家の形を逆にした図形が生物個体を表しています。この図形の幅は細胞の数、高さは寿命です。一番下の頂点が受精卵で、これが分裂増殖して細胞の数が増え、各種の体細胞へと分化（いろいろな機能を持った細胞に変化すること）して、個体を形づくります。図形の一番上の辺は個体の死を表します。ここで注目していただきたいのは、動物では生殖細胞（卵子や精子になる細胞）が最初から決まっており、精子や卵子は生涯を通じてこれらの細胞からしかできません。ほかの体細胞からはできないのです。生殖細胞から精子や卵子が生じ、他個体の生殖細胞と受精することで次の世代を生じます。

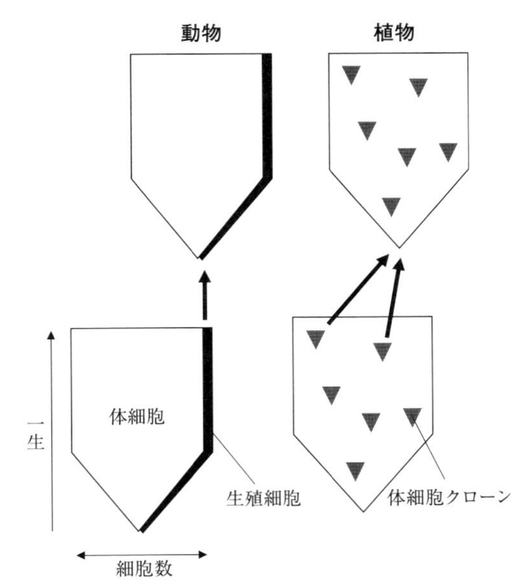

図9-4　動物と植物の老化。動物では胎子のときに生殖細胞が決定されるが、植物では体細胞が容易にクローン化され、挿し木やむかごなど無性生殖で子孫をつくることができる。すなわち、個体の概念があいまいである。鈴木英治『植物はなぜ5000年も生きるのか』2002年、講談社より改変。

一般に、植物では花が咲いて種子ができます。花の中にはおしべとめしべがあり、おしべの花粉とめしべの根元にある子房に生殖細胞があります。花は動物の生殖器（卵巣と精巣）にあたります。動物では卵子や精子といった生殖細胞のもとは胎子のときにすでにつくられていますが、植物では動物と異なり、初めから花になる運命を持った細胞はありません。さらに植物は挿し木やむかごなど、体細胞から別個体を生じることができます。ニンジンの一切れを濡れたティッシュの上に置いておくと、そのうち芽や葉が出てきます。これはクローンです。クローンというのは遺伝子セットがまったく同じ細胞、個体のことです。つまり自分の分身ですね。クローンで増えるということは雄花と雌花は必要ない、すなわち無性生殖を行うことができるということです。どこかの細胞を取ってきて、栄養と水を与えればどんどん増殖して、もとと同じ植物体になってしまうのです。植物は花を咲かせて受粉し、実をつくる、という有性生殖以外の方法でもわが身を増やせるのです。

地球上には樹齢 5000 年にもなる巨樹が存在します。日本でも、屋久杉には樹齢 2000 年を超えるものがあると聞きます。このような老樹でも春になると若葉が出てきます。若葉の細胞はいかに 5000 年の老樹であっても若い細胞です。この木は「木」という個体としては 5000 歳ですが、葉の細胞だけを見ると 0 歳です。哺乳動物の細胞のように寿命（ヘイフリックの限界）があるわけではありません。もし若いときに挿し木などを行って、それぞれに成長した同じ遺伝子セットを持った老木が複数ある場合、これらの老木は体細胞クローンになります。いったい双子なのでしょうか、それとも同一個体と考えるべきでしょうか。植物では個体と寿命の概念があいまいなのです。

9.8 下等動物の老化

細菌や原生動物は個体が細胞 1 個からなっていて単細胞生物と呼ばれます。本節ではこれら単細胞生物の老化を見てみましょう。

細菌のような原核単細胞生物は分裂によってどんどん増殖します。原核というのは遺伝子を含む細胞器官である核が膜に包まれず、遺伝子がむきだしになっている原始的な核のことです。ひとつの細菌が分裂してできた細菌群の遺伝子は、すべてもとの細菌の遺伝子と同じです。全部がクローンです。細菌ひとつひとつを個体と考えるのか、ひとつの細菌から分裂してできた細菌群を個体と考えるのかによって老化の概念が変わってきます。

成熟した核を有する真核単細胞生物（原生動物）のゾウリムシでは、無性生殖と有性生殖を交互に繰り返します。無性生殖ではそのまま二分裂を行い、遺伝子セットが同一のクローンを2つつくります。これに対し有性生殖では、2つの個体がそれぞれ2つずつ持っている核を交換します（これを接合と呼びます）。これによって遺伝子が交換され、新しい個体として生まれ変わります。したがって、ゾウリムシにとっては、接合から接合までが一生、すなわち寿命であると考えられます。

下等多細胞生物の場合はどうなのでしょう。刺胞動物のサンゴ虫は受精卵が分裂増殖、分化し、ポリプと呼ばれるイソギンチャクのような構造体をたくさんつくります。ポリプがひとつずつ離れて、ほかの場所に移動し、そこで岩などに固着し、さらに分裂増殖して、サンゴの群体を形成します。サンゴの場合、ひとつのポリプを個体と呼べばよいのでしょうか。それともポリプが集まった群体を個体と呼べばよいのでしょうか。群体を構成するポリプはすべてクローンです。

アリマキという昆虫（アブラムシとも呼ばれます）は無性生殖（単為生殖ともいいます）で増え、有性生殖はたまにしか行いません。単為生殖というのは、受精することなく雌の卵だけで発生し、成体になる現象です。生息環境がよいときは単為生殖で増え、環境が悪化すると雄が生じて有性生殖を行います。単為生殖で増えた個体はすべて雌で遺伝子も同一です。すなわちクローンです。アリマキの場合は単為生殖で発生したクローンでも、サンゴとは異なり個体であるとしっかり認識できます。

ここまでの話で、老化や寿命を考える際に「個体の概念」と「無性生殖と有性生殖のサイクル」が重要であることがおわかりになったと思います。哺乳動物のようにつねに有性生殖を行い、個体がはっきりしている生物では老化、寿命は比較的考えやすい概念なのです。

9.9 老化の進化

前節まではさまざまな生物の老化について見てきました。本節では「老化の進化」について考えてみたいと思います。人のアルツハイマー病ではアミロイドβという異常タンパク質の脳内沈着が病態の引き金であることを述べました。アミロイドβはAPPというタンパク質が異常分解されて生じます。APPをつくる設計図としてAPP遺伝子があります。ふつう生物では病気を起こすもとになる遺伝子は進化の過程で消滅します。その遺伝子を持っている個体が病気によって死んでしまうため、遺伝子が次の世代に受け継がれないのです。これを「遺伝子淘汰」といいます。APPはアルツハイマー病を起こすにもかかわらず、なぜ淘汰されずに残っているのでしょうか。APPというタンパク質の機能は人でも動物でもまだよくわかっていませんが、おそらく子どものころに生体にとってなにか有利にはたらく役割を担っている可能性があるのです。昔は人も動物もそんなに長生きはしなかったので、この遺伝子は生存に有利な遺伝子として淘汰されずに残ったのでしょう。ところが医療の進歩によって長生きになった人では、老齢期になるとAPPタンパク質の異常分解で生じるアミロイドβが脳に沈着し、アルツハイマー病という新しい病気が生まれたのです。

これまでの章でも述べたように、がんは遺伝子DNAの異常によって起こる病気、またアルツハイマー病のような神経変性疾患はタンパク質の異常によって起こる病気です。赤ちゃんが誕生してから年月が経過すると、DNAもタンパク質も異常な分子構造が増加してきます。これを「分子の老化」と呼んでみましょう。もちろん分解、再合成を経て新しい分子がつくられる場合（分子の再生）もありますが、多くの場合は分子の老化によって生じた異常DNAや異常タンパク質によって、がんや神経変性疾患などの病気が起こってしまいます。DNAやタンパク質の分子老化が起こる前に動物が死んでしまえば、がんや神経変性疾患は起こりません。人のように長寿命を獲得した動物では、高齢になると異常DNA、異常タンパク質ができて、がんやアルツハイマー病など老化関連病が起こったものと考えられます。すなわち、遺伝子・タンパク質の寿命が動物個体の寿命より早く尽きたときにこれらの病気が発症するのです。

前章で述べたように、病気が起こる原因（病因）として、① 放射線、化学物質、感染体、栄養などの外因と ② 性、年齢、遺伝、代謝などの内因があります。人の場合、文明が未発達であった過去においては感染症や飢餓などの外因により若くして亡くなることが多かったのですが、文明の発達、医学の進歩、衛生状況の向上により、感染症、飢餓で亡くなる人が減り、寿命が飛躍的に延長しました。ところが、これまで述べてきたように、寿命が延びるとがんや神経変性疾患などの生体内部の原因（内因）によって亡くなる人が増えました。病気の構成が変化したことになります（丹羽太貫、学士会会報第843号、2003年）。同様のことが犬や猫などのペットにも起こりつつあります。私が獣医学の学生であった40年ほど前までは、感染症で死ぬ犬や猫が圧倒的にたくさんいました。それが最近ではがんで死亡する犬や猫の数が増加していますし、老犬の脳にはアミロイドβの沈着が起こっていることも述べたとおりです。人の文明の発達が犬や猫の病気の構成をも変えてしまったのです。

病気の構成、すなわち「どのような病気がどのくらい起こっているかということ」は生命の進化、文明の発達にともなって変わっていきます。病気もそして老化も進化しているのです。

9.10 第9章のまとめ

1. 老化とは時間の経過とともに不可逆的に進行する形態的、生理的な生体の衰退現象である。
2. 最大寿命は動物種によって決まっている。
3. 細胞の老化は分裂回数と傷害刺激の蓄積によって生じる。
4. 細胞が老化すると、その集合体である組織、臓器も老化し、個体も老化、ついに死に至る。
5. 老化、寿命の概念には個体の概念と生殖のサイクルが深く関与する。
6. 「がん」は遺伝子（DNA）の老化、神経変性疾患はタンパク質の老化によって起こる。
7. 個体寿命が遺伝子寿命またはタンパク質寿命を超える動物種でがんや神経変性疾患が起こる。

III

大学の獣医学

来しかた行くすえ

10 獣医病理学研究室の午後

30年近くも前のことです。私は2年間のアメリカ留学から帰国したばかりでした。アメリカでは、もっぱらウイルス感染症の病理学について研究していたため、日本での本来の業務である動物の病理解剖や顕微鏡をのぞいて行う組織診断からはしばらく離れていました。その遅れをなるべく早く取り戻そうと、くる日もくる日も病理解剖を行い、標本をつくっては顕微鏡で観察し、診断がつかない症例に出くわせば図書館にこもって関連するさまざまな文献を読みあさり、とにかく病理学漬けの毎日でした。図書館で疲れた頭を休めるため小説やエッセイなどのコーナーで本の背表紙をなにげなく眺めていたときのこと、あるタイトルの本が目にとまりました。いわく『法医学教室の午後』。著者は横浜市立大学医学部法医学教室教授の西丸與一先生です。パラパラとめくってみると、先生が経験した法医学解剖にかかわるさまざまな人間ドラマがつづられていました。調べものそっちのけで、読みいってしまいました。その後『続法医学教室の午後』、『法医学教室との別れ』も出版されましたが、いずれも当時私がもっとも楽しんだ本でした。そこで、私もこれまで獣医病理学研究室で起こったできごと、出会った人々、さらにさまざまな出会いを通じて得たウンチクなどを書き連ねてみようと思い立ちました。題して、「獣医病理学研究室の午後」。

10.1 猫おばちゃんと獣医法医学

今でも、「猫おばちゃん」と呼ばれる猫好きの女性がいます。30年前にもいました。ふつう、猫おばちゃんは猫をたくさん飼うか、野良猫を集めて食べものをあげるかなのですが、この猫おばちゃんは少々違いました。自宅近くの公園で野良猫に食べものを与えていたのはほかの猫おばちゃんと同じなのですが、猫が死んだとき死因を確定してもらうため、その遺体をわざわざ私たちの研究室に持ってきたのです。歳のころは70歳くらい、と思っていましたが、じつはもっと若かったのかもしれません。背丈は小さく猫背で、なんとなく薄汚れた服を着て、掌のシワには黒い汚れがすり込まれていました。いつも新聞紙に包んだ猫の死体と瓶ビールを2本入れた小さなリュックサックを背負ってやってくるのです。ビールは解剖してもらったお礼です。あまり裕福そうではないので、お礼なんていいよといっていたのですが、おそらく申しわけないと思っていたのでしょう、必ず瓶ビールが2本でした。川崎に住んでいるとのことで、いつも電車を乗り継ぎ、わざわざ本郷までやってくるのでした。私たちはいつのころからか、この猫おばちゃんを「川崎のおばちゃん」と呼ぶようになりました。

ある日の夕方、研究室から少し離れた講義室でセミナーを行っていました。研究室員は全員セミナーに参加していましたので、研究室の入口ドアは施錠されていました。セミナーが終わりに近づいたころ、隣の研究室の学生が血相を変えて講義室に飛び込んできました。「病理のドアの前に変な人がしゃがみこんでいます！」。そりゃたいへんとばかりに血気さかんな若手の研究室員が部屋を飛び出していきました。しばしの静寂の後、戻ってきた研究室員の後にはしょぼんとした川崎のおばちゃんの小さな姿がありました。死んだ猫を解剖してもらおうとやってきたのだけれど、鍵がかかっていたのでだれかが戻るまでドアの前でしゃがんでいたということでした。薄暗い廊下にたたずむ老婆を見た学生の驚きようは尋常でなかったに違いありません。現在、私たちの研究室の准教授U先生は、当時は助手でしたが、昔から一貫しておばちゃんの扱いがうまいと評判です。そのときも得意の「対おばちゃん話術」で根掘り葉掘り質問し、本名は「田○福□」であること、妹と一緒に暮らしていることなどを聞き出していました。

私たちが病理解剖を行うとき、ふつう飼い主は解剖の場にはいません。ところが、この川崎のおばちゃんはいつも解剖台のすぐ横「かぶりつき」で食い入るように見ているのです。おばちゃんは解剖を見ながらいろいろと質問をし、新人の研究室員がていねいに答えるのですが、理解しようという気持ちは一切なく、だいたいは聞き流しているようで、数分後にまた同じ質問をするのです。新人にとっては試練だったのかもしれません。解剖に持ってくる猫は半分野良猫だったものが多く、腸の中には猫回虫や瓜実条虫などの寄生虫がたくさん寄生していました。おばちゃんはときどき解剖中に手を伸ばして寄生虫を素手でつまみ上げるのです。30 年前とはいえ、それなりの衛生観念をもって解剖を行っていましたので、これには閉口しました。最近はさすがに飼い主から直接解剖の依頼を受けることはほとんどなくなりました。獣医師からではなく、飼い主から直接病理解剖を引き受けていたことは、今思うとあまり感心できませんが、このような飼い主がいたおかげで、動物の解剖を通じてさまざまな人とコミュニケーションができるようになったのかもしれません。そして、なによりも条虫の濃厚感染など、現在日本ではほとんど見られなくなった病変を目のあたりにできたことはたいへん貴重な経験になっています。

最近は警察からの動物解剖依頼が多くなってきました。ここ数年で 10 件ほど引き受けました。ほとんどが公園などで見つかった変死症例です。近年、「動物の愛護及び管理に関する法律」（動物愛護法）がしばしば改正され、罰則が強化されたことにともない、悪質な案件に対しては警察も本気で捜査を始めたため、このような解剖が増えてきたのだと思います。何件かこのような解剖を引き受けているうちに、いつのまにか警察署間のネットワークができてしまったようです。「以前 A 署からの解剖依頼を引き受けていただいたそうで」と今度は B 署から、その次には C 署からと次々に依頼がくるようになってしまいました。あるときはややエスカレートして、猫の遺体を持ってきた刑事さんが、申しわけなさそうにポケットから 1 枚の写真を取り出しました。動物ではなく人の脛が写っていたのですが、「この脛の傷はほんとうに犬に噛まれたものなのでしょうか」、「この写真の人は噛んだ犬の飼い主を訴えると息巻いているのですが……」と聞いてくるのです。これは私などではなく、法医学を専門とする医師に聞いたほうがよいのではないかと思ってしまいます。けっきょく、犬に噛まれた経験が豊富な（?）獣医外科の先生に写真を見せて判断してもらいました。

法医学とは「犯罪捜査や裁判などの法の適用過程で必要とされる医学的事項を研究または応用する社会医学」と定義されています。『法医学教室の午後』の著者、西丸與一先生が所属していた横浜市立大学のように、日本ではだいたいどの大学の医学部にも法医学教室があり、講義と実習、研究を行っています。ところが獣医学分野では、獣医法医学の研究室は 17 ある獣医大学のうちひとつもありません。獣医法医学に関連する講義すら行われていません。欧米では獣医法医学を専門とする研究者がいて、教科書も出版されています。日本でも、新たに獣医法医学の研究室をつくるほどではないにしても、なんらかの手は打たなければならないとずっと考えていました。こうした状況は東京大学ばかりでなく、ほかの獣医大学でも同様でした。最近、ある国立獣医大学の病理学の先生から獣医法医学に関するネットワークづくりを考えていこうという提案がなされました。変死した動物の解剖に対する効率的な対応ばかりでなく、症例に関する情報の交換、新たな診断技術の開発など、今後検討しなければならないことは山のようにあります。私たち獣医病理学者が中心となって獣医法医学の教育、研究体制づくりに努力しなければなりません。

10.2 読みまちがい、書きまちがい

私たちの研究室では、毎週 1 回夕方 5 時からセミナーを開催しています。私が学生のころからですので、少なくとも 30 年以上は続いています。自分で担当した病理解剖症例のうち興味深いものについて、臨床経過、解剖所見、顕微鏡所見などをまとめて、35 ミリスライドを準備し（いまどきはパワーポイントですね）発表するセッション、興味を持って読んだ英語論文の概要を発表するセッション（いわゆるジャーナル・クラブ）、そして自分の研究テーマについて進行状況を発表するセッションの 3 本立てです。

さて、私がまだ学部の 4 年生だったころのことです。ジャーナル・クラブの発表当番にあたっていました。それなりにきちんと下調べを行ったものの、いざ発表となるとやはりなんとなく自信がなく、ときどきしどろもどろになりながら、発表を続けていました。すると、今までうなずきながら私の発表を聴いていた教授の藤原公策先生が突然スクッと立ち上がり、黒板まで早足で歩み寄ると、チョークでいきなり 2 つの語を書き始めました。「憎悪（ぞうお）」と「増悪（ぞうあく）」です。ご存じのとおり、前者は「憎み嫌うこと」、後者は「病状や病変が悪化すること」です。病理学研究室のセミナーですから、このような発表に際して出てくる言葉は当然「増悪」です。「ぞうあく」と発音しなければなりません。これを私は「ぞうお」と発音していたのです。藤原先生はこれを修正してくださったのでした。はずかしながら、私はそれまでこの 2 つの言葉の発音についてまったく意識せず、いずれも「ぞうお」と発音していたのでした。また、「破綻」という語があります。「恒常性維持の破綻」というふうに病理学総論でもときどき

は登場する語です。「綻」という漢字のつくりの読みから「てい」あるいは「じょう」と読む学生がたまにいます。これは「たん」ですね。「破綻」は「はたん」と読みます。皮膚で角質が蓄積する病変は「鱗屑」ですが、「りんしょう」ではなく「りんせつ」と読みます。さらに、医学、歯学、獣医学の分野では、「鼻腔」、「口腔」、「胸腔」、「腹腔」をそれぞれ「びくう」、「こうくう」、「きょうくう」、「ふくくう」と読みます。本来、「腔」の読み方は「こう」ですが、医学系の分野では「くう」と読むことになっています。いわゆる慣用読みなのでしょうが、インターネットで調べてみると、いつごろから「くう」と読むようになったかについていろいろとおもしろい記事がありました。時間があれば調べてみるのもよいかもしれません。獣医学とはまったく関係ないのですが、「人気」を「にんき」と読むか、「ひとけ」と読むか、同じ漢字でも読み方で意味が異なる場合がけっこうあります。「いい加減」もアクセントの位置で意味が異なります。「いい」にアクセントがある場合は「よい程度」という意味、「加減」にあるときは「適当な、ぞんざいな、中途半端な」という悪い意味になりますね。

さて、読みまちがいの次は書きまちがいの話です。「傷害」と「障害」はいわゆる同音異義語です。どう違うかわかりますか。前者は文字どおり「傷」、英語では injury です。これに対し、後者は「機能が十分ではないこと」で、英語では disturbance です。たとえば、毒物の摂取や微生物の感染などによって、体の組織が壊れることは「組織傷害（tissue injury）」です。一方、血液の流れが滞っている場合は、機能不全状態ですので「血液循環障害（blood circulation disturbance）」です。学生の試験答案を読んでいると、「傷害」と「障害」の使い分けが必ずしもきちんと行われていません。授業ではかなり口をすっぱくして教えているのですが、眠っていたのでしょうか。それでは、次のような場合はどちらを用いればよいでしょう。実験動物に肝臓毒性を有する化学物質を投与したところ、全身に黄疸（眼、皮膚、粘膜などが黄色になること）が出現しました。これは、「肝傷害」でしょうか、それとも「肝障害」でしょうか。化学物質により肝臓が傷ついていますので「肝傷害」が正解です。しかし、黄疸という肝臓の機能不全の結果発現する症状も出ていますので、「肝障害」も正解です。このような場合は、そのときに着目している事象について漢字を選べばよいのです。おもに肝臓が壊れることを主眼とするのであれば「肝傷害」、黄疸など機能不全に着目するのであれば「肝障害」を用いればよいのです。

医学分野、獣医学分野では「線維（fiber）」という語をよく使います。体の中にあって細長いものを線維という語で表しています。たとえば、筋線維、これは筋肉を構成する細胞のことです。長く伸びた多核の細胞です。また、神経線維は神経細胞の細胞質の一部が伸びたものです。人では長いものは数十センチメートルにもなります。一方、膠原線維（コラーゲン線維）はコラーゲンというタンパク質で構成される長形の物質で、体の隙間を埋めています。線維芽細胞（fibroblast）と呼ばれる細胞がこの線維をつくります。細胞の一部ではありません。さて、この「線維」という漢字ですが、以前は「繊維」という字を用いていました。これもいつごろからか、医学分野と獣医学分野では「線維」の字を用いるようになりました。私が学生時代に使った家畜病理学の教科書はすでに「線維」を用いていますので、獣医学分野でも40年前にはこちらの表記が一般的になっていたものと思います。学生には、人や動物の体の中にある細長いものは「線維」、植物由来または工業製品で細長いものには「繊維」を使うよう教えています。しかし現在でも、一般向けの動物学や医学に関する本で「繊維」の字を使っているものがあるようです。

母親のお腹の中にいるまだ生まれていない赤ちゃんを「たいじ」と呼び、「胎児」と書きますが、動物の場合は、読み方は同じですが「胎子」と書きます。以前は「胎仔」と書いていたのですが、現在は多くの教科書で「胎子」に統一されています。動物と人で書き分けられている用語の例です。

第5章で述べましたが、犬に「かいしょくせいせいきにくしゅ」という名の腫瘍があります。聞いただけではなんのことかさっぱりわかりません。腫瘍の名前なので「会食性」や「世紀」を考える人はいないと思いますが、「貝食性」、「盛期」を思い浮かべる人はいるかもしれません。正解は「可移植性性器肉腫」です。授業中にときどき学生にクイズを出すのですが、そのひとつに動物の体の中にある「しきゅうたい」と呼ばれる部分をすべてあげなさい、という質問があります。正解は、① 糸球体、② 子宮体、そして ③ 四丘体です。糸球体はいわずと知れた腎臓の組織、血液を濾過して尿をつくる部分です。子宮体は胎子が宿る子宮の機能部分です。それでは、四丘体はどこにあるのでしょう。大脳と小脳の間に中脳水道という脳脊髄液を満たす管状の構造があります。この管の蓋を中脳蓋と呼びます。中脳蓋は左右の前丘と後丘からなり、都合4つの丘で構成されるため四丘体とも呼ばれています。鳥類では2つの丘からなり（二丘体)、大きく発達して視葉と呼ばれます。だいたい話の流れでどこの臓器のことかわかりますので、「しきゅうたい」を書きまちがえることはないと思いますが、授業をいい加減に聞いていると、どの「しきゅうたい」のことなのかわからなくなります。それこそ、質問しても「返答せん (扁桃腺)」、獣医学の能力は「向上せん (甲状腺)」という状態になってしまいます……。シャレが過ぎました。次の話題に移りましょう。

10.3 獣医学領域の英語

獣医学領域で使われる用語のほとんどは医学領域で使われる用語と同じですが、動物に特有の臓器・組織あるいは病気などには獣医学領域でのみ用いられる語が使われています。雄犬に特有の臓器として肛門周囲腺 (perianal gland) などがありますし、犬に特有の腫瘍として前述した可移植性性器肉腫 (transmissible venereal tumor) などがあります。医学生は人の解剖、病気を覚えるだけでよいのですが、獣医学生はさまざまな動物の解剖、病気を覚えなければなりません。最近は単位交換を目的とした短中期の海外留学がさかんになってきました。海外での授業はもちろん英語で行われます。したがって、解剖用語、病気の名前などを英語でも覚えておく必要があります。教科書では、重要な語に英語を併記していますが、医学用語や獣医学用語の英語はやたらと長く、覚えにくいものです。たとえば、副腎皮質機能亢進症は (hyperadrenocortisism) となりますし、骨異栄養症は (osteodystrophy) です。単語帳をつくって電車の中で繰り返し暗唱してもなかなか覚えられません。しかし、ご安心ください。このような医学領域、獣医学領域用語のほとんどは合成語なので、分解し、それぞれ部分の意味がわかってしまうと、いくら長い語でも、また初めて見る語でもすぐに訳すことができます。hyperadorenocortisism は hyper、adreno、cortis、ism に分解できます。それぞれ、「過」、「副腎」、「皮質」、「症」の意味ですので、合わせて副腎皮質機能亢進症になります。ちなみに、adreno- は副腎を表す接頭語ですが、さらに ad (上) と reno (腎臓) に分解できます。腎臓の上にある小さな臓器なので副腎 (adrenal) となったのです。ついでに、epi- (〜の上) と nephron (腎臓) を合わせた epinephron も副腎のことです。副腎髄質から分泌されるホルモンはアドレナリン (adrenaline) ですが、エピネフリン (epinephrin）という別名もあります。一方、osteodystrophy は osteo-（骨）と dystrophy（異栄養症）に分けられ、dystrophy はさらに dys-（非、異などを表す接頭語）と trophy（成長、増加）とに分解できます。合わせて骨の異方向性成長、すなわち骨異栄養症となります。それでは、hyperparathyroidism はどう訳しますか。hyper（過剰、亢進）、para（傍、副）、thyroid（甲状腺）、ism（症）となります。上皮小体機能亢進症が正解です。人では上皮小体ではなく副甲状腺と呼んでいますので、医学領域では副甲状腺機能亢進症が正解となります。

以前は、自分なりに覚え方のノートをつくって、それぞれの部分（接頭語、接尾語など）を一生懸命暗記したものですが、今はよいテキストがあります（『パーフェクト獣医学英語』谷口和美著、チクサン出版社、2009 年）。イラストも豊富でおすすめの 1 冊です。また、もう亡くなられましたが、大阪府立大学獣医病理学の教授を務められた望月宏先生が府立大学獣医学科の学生用につくられた『獣医学領域の術語の覚え方』という小冊子があります。獣医学や医学の領域で使用される英語術語について、接頭語、語幹、接尾語ごとにそれらの意味を記したもので、この冊子を読んで、重要かつ頻出する接頭語、語幹、接尾語をひととおり覚えてしまうと、初見の単語であっても見ただけで意味がだいたい推測できるようになります。これはとても便利で、私も重宝しました。望月先生にお願いして、他大学の学生も使えるようにしていただきました。当初は几帳面な細かい字で手書きされたガリ版刷りの冊子をコピーし、学生に配布していましたが、望月先生の教え子にあたる高橋響博士からこれを加筆改訂したい旨のご提案をいただきました。大いに賛同し、当時私が理事長を務めていた日本獣医病理学会が支援し、2012 年 7 月に『獣医学領域の術語の覚え方（Veterinary Terminology）』（望月宏・高橋響著）として出版されました。残念ながら、望月先生は完成版を目にされることなく出版の前年に亡くなられましたが、最期まで高橋博士とともに改訂に力を注いでおられました。

この冊子の 1 ページ目、INTRODUCTION から内容を少し抜粋してみましょう。

Rhinoceros サイ、犀。 鼻 rhino- と角 cerato-（kerato-）の合成語

Hippopotamus カバ、河馬。 馬 hippo ＋河川 potamos

Mesopotamia メソポタミア。 中間 meso ＋河川 potamos（Tigris、Euphrates 両河の間の地域）

rhinoが鼻だとわかってしまえば、rhinitisは鼻炎（-itisは炎症を表す接尾語）、rhinoscopeは鼻鏡であるとすぐにわかります。私も担当している病理学総論の授業で、この本から仕入れたウンチクを語り学生の興味を引き出すようにしています。最初はみんな煙に巻かれたような顔をしていますが。

英語術語の覚え方の話をしてきましたが、学生の卒業論文や博士論文の指導をしていて、最近とくに感じるのは、日本語で論理的な文章を書く訓練が足りていないということです。まずは書き、それを覚えて話すことの繰り返しにより、論理的なスピーチもできるようになります。簡潔かつ論理的な日本語の文章があれば、それを英語に訳すのは意外なほど簡単です。日本語も英語も、語学の習得に王道はありません。とにかく、たくさん読み、たくさん書くことが肝要です。

10.4 イグ・ノーベル賞

毎年10月初めにその年のノーベル賞受賞者が発表されます。それに先駆けて9月にはイグ・ノーベル賞の受賞者が発表されます。ご存じのようにノーベル賞には物理学賞、化学賞、生理医学賞、文学賞、経済学賞、平和賞があり、12月にスウェーデンの首都ストックホルム（平和賞はノルウェーのオスロ）で授賞式が行われます。賞金は800万スウェーデン・クローナ（日本円で約8900万円）だそうです。2018年現在、日本人の受賞者は外国籍の方も含めて都合27名です。これに対し、イグ・ノーベル賞（Ig Nobel prize）は1991年に創設されたノーベル賞のパロディーで、「Research projects that first make people laugh, and then make them think. 人々を笑わせ、そして考えさせてくれる研究」に授与されます。賞の分野は多種多様で、物理学賞、化学賞、平和賞などノーベル賞と同じ分野もあれば、心理学賞、栄養学賞、交通計画賞など独自の分野が加わることもあります。授賞式は毎年10月にアメリカ、ボストン近郊のハーバード大学で行われます。賞金は原則としてゼロ、受賞者の旅費と滞在費は自己負担だそうです。受賞講演では観客から笑いを取ることが要求されています。日本人の受賞は2018年現在、都合24件（受賞対象者計延べ67名）で、ほぼ毎年受賞者を出しています。この中で2002年に「犬語翻訳機バルリンガルの開発によって、人と犬に平和と調和をもたらした業績」に対して、平和賞を授与された木暮規夫先生は獣医師です。日本以外に目を向けると、2002年の昆虫学賞「猫の耳から採取したダニを自分の耳に入れ観察した業績」、「豚が疾走している際のサルモネラ菌の排泄について」、「猫と犬の洗濯機を発明したことに対して」、「キツツキはあんなに早く木をたたいているのになぜ脳震盪を起こさないかについて」、「牛の糞からバニラの味と香りを有する物質を抽出したこと」、「犬に寄生するノミは猫に寄生するノミより高く飛ぶこと」などなど、動物に関する内容の受賞がほんとうにたくさんあります。

前置きが長くなってしまいました。2013年のイグ・ノーベル賞化学賞は今井真介博士はじめハウス食品の研究者に授与されました。「タマネギの催涙成分を合成する酵素を発見したこと」が受賞理由です。この研究は2002年に科学雑誌Natureに発表されました。受賞者はこれまで不明であったタマネギの催涙成分の合成過程を明らかにし、その後、切っても涙が出ないタマネギの開発も行いました。Nature誌に掲載された論文の図2には、「Don't cry for me: inhibiting the biosynthesis of lachrymatory factor could give rise to a no-more-tears formula for onions. 私のために泣かないで：催涙因子の生合成を抑制することで、タマネギによる涙が解決される」というキャプションとともに、タマネギの横断面の写真が掲載されています。「Don't cry for me」といえば、かつてのアルゼンチン大統領夫人、エバ・ペロンを描いたミュージカルの挿入曲「Don't cry for me, Argentina」を思い出します。1996年に封切られたミュージカル映画『エビータ』で、マドンナ演ずるエバ・ペロンが大統領官邸のバルコニーで、広場を埋め尽くす大観衆を前にこの歌を哀愁を込めて切々と唱うシーンが印象的でした。涙が出ないタマネギの開発により、古来、人類を泣かせてきた、エビータならぬタマネギの切々たる願いがようやく実現されたのです。受賞者のおひとりは共同研究を行ってきた方でしたので、後日大学でイグ・ノーベル賞受賞について講演をお願いしました。受賞研究の内容ばかりでなく、受賞前日のマスメディアからの取材、授賞式の様子、後日談などに関してもお話いただき、たいへん楽しい講演でした。

じつは、私も若いころは、将来ノーベル賞を受賞するような研究者になりたいなどと、おこがましくも考えていたものです。能力の限界か、あるいは運がなかったのか、たぶんその両方だったと思います。当然ですが、今後もそんなチャンスは一切ありません。でも、受賞者の方々にはたいへん失礼ですが、イグ・ノーベル賞ならば、まだチャンスがあるかもしれません。私は、これまで研究を遂行する際のモットーとして、なるべく人とは異なる独創的な発想をするよう努力してきたつもりです。さらに、めだつのはあまり好きではないのですが、人をくすりと笑わせるのは昔から得意でした。最初の「なんだ、これは！」という苦笑が、読み進むうちに「うーん、すごい」に変わっていく、そのような論文を書きたいものだとつねづね思ってきましたし、これからもできうる限り思い続けていきたいのです。

10.5 第 10 章のまとめ

1. 日本でも獣医法医学分野についての研究や教育の体制づくりが始まった。
2. 医学や獣医学分野に特有の専門語表現がある。読みまちがい、書きまちがいなどを繰り返しながら、じっくり覚えよう。
3. 研究者に英語は不可欠であるが、日本語で論理的に考え、正確に書くことはもっと重要である。
4. 独創的な研究を行って、イグ・ノーベル賞を、さらにその先のノーベル賞を目指そう。

11 獣医学の意義と将来

11.1 学会今昔

私たち研究者のほとんどはなんらかの「学術団体」、いわゆる「学会」に所属しています。学会とは、ある学問分野の研究者が集まり、研究に関する情報の交換、研究成果の社会への発信などを行う組織です。現在、日本学術会議が「協力学術研究団体」に指定している学会が2019団体あります（2017年）。「日本学術会議協力学術研究団体」として認められるには、会員が100名以上で、その多くが研究者であること、年1回以上学術機関誌を発行していることなどの条件があります。これらの学会以外にも会員が100人に満たないため学術会議に認められていない学術団体もかなり多いと思います。一方で、たとえば「盆踊り学会」や「日本お汁粉学会」（いずれも架空の団体です）のように、同好の士が集まった趣味の団体や株式会社などに「学会」の名称がついていることがありますが、これらは本来の学術団体とは異なります。学術団体としての「学会」では年に1回または数回、会員が集まって研究成果を発表する会合を持ちます。これが学術集会ですが、「学術集会」を短縮して「学会」と呼ぶこともあります。通常、自分が研究している分野に関連する学会は複数あり、ひとりで複数の学会に所属している場合が多いのですが、主となる学会はひとつか2つという研究者が大多数でしょう。私の場合は、主となる学会は日本獣医学会と日本獣医病理学専門家協会です。前者は公益社団法人で学術会議登録団体ですが、後者は非登録の任意団体です。その他、海外の学会も含め多いときで10団体ほどに加入していたときもありました。それぞれの学会で年会費を徴収します（5000円から2万円程度）ので、一時はかなりの出費でした。

現在、学術集会で研究成果を発表する際には、ほとんどの人がパワーポイントなどのコンピューター・アプリケーションを使ってプレゼンテーションを準備していると思います。きれいでかつわかりやすいプレゼンテーション・スライドをじつに簡単に作成できるのですが、凝りすぎるとかえって見にくく（醜く？）なってしまうので要注意です。私が学生のころはコンピューターなど個人で使うことはできませんでしたので、スライドは完全に手づくりでした。ロットリング・ペンで絵を描き、タイプライターで印字するか、インスタント・レタリングの文字を貼りつけた図や表をつくり、これを高解像度フィルムで撮影しネガをつくります。このネガとジアゾフィルムと呼ばれる黄色いフィルムを密着して紫外線をあて、ジアゾフィルムをアンモニアで処理すると、あら不思議、青い背景に白く文字や図が抜けたプレゼンテーション・スライドが完成します。ジアゾフィルムとはいったいなんだったのか、今となっては知るすべがありません。インターネットで調べてもほとんど情報が得られません。きっと私の年齢以上の方にとってはなつかしい学会発表用スライド作成道具だったのではないでしょうか。

さて、学会（学術集会）の運営も昔と今とではけっこう異なります。今は学会で発表する者の多くは発表時間をきちんと守ります。時間がくれば容赦なくベルが鳴りますし、座長が終了を催促します。プレゼンテーションも聴衆にわかりやすいように準備し、時間内に発表を終えるよう何度も練習しています。しかし、ごくまれですが、時間を守らない発表者がいます。だいたいステレオタイプが決まっていて、年配でアウトロー、研究内容は独りよがり、そしてえらそうなタイプです。シンポジウムなどで自分の研究のこれまでの集大成を話す際に、たとえば 15 分間の発表時間で 100 枚ものスライドを準備する人がいますが、15 分で終わるわけがない！　けっきょく、後半はすっ飛ばしです。せっかくの機会なのに聴衆にはなにも伝わりません。スライドは 1 枚 1 分と考えて準備してください。ところが、昔の学会では、このような自分勝手な発表がしょっちゅうでした。終了予定時間はどんどん延びます。そのうち、夜になり参加者は三々五々帰っていきます。最後の発表者が演壇に上がったときはすでに深夜に近く、聴衆は数人ということもあったようです。なんとも迷惑な話ですね。

学会は風通しがよくなければなりません。経験に関係なく、会員が自分の意見を自由にいえ、反対意見があればそれも受け入れて、議論し、今後の研究の方向をじっくりと考えていく場でなければなりません。獣医学は、食の安全、公衆衛生などと密接に関連し、つねに社会への貢献を求められています。社会との接点ではさまざまな配慮が求められる場面もあるかと思います。だからこそ、学会という場では、老若男女、地位の高低など関係なく、同じ立場で議論することが大事なのです。このような風通しがよい学会運営が獣医学の将来を明るい方向に導いてくれるものと信じています。ただし、白熱した議論は発表後の懇親会で続けることにしましょう。

さて、昔の学会では、発表後の質疑応答でも横柄なやりとりがありました。演者も質問者もそれぞれ自分が正しいと思っていてたがいに譲りません。今であれば座長が「これより先の議論は後ほど」といって座を閉めるのですが、昔はえらい（えらそうな？）人どうしの論争になるとだれも止めることができませんでした。あるとき、学会の重鎮が発表した後の質疑応答で、若い研究者が発表内容について噛みつきました。今であればふつうの光景ですが、当時はさすがに異常な状況だったようです。質問者のあまりに執拗なものいいに辟易した演者が一喝、「Don't say 4（four）or 5（five）!」。会場は一瞬凍りついたそうですが、その後大きな笑いに包まれたとのことです。日本獣医学会での伝説的なエピソードです。

11.2 馬の獣医学再び

第1章で述べたように、獣医学の歴史は、つねによりよい馬の生産を求めることによって発展してきたといって過言ではありません。古来、馬は人や荷物の輸送手段、人に代わる労力として用いられ、さまざまな改良を重ねた結果、芸術品ともいえるサラブレッド種が生み出されました。走ることに特化した結果、体の輪郭線までもが芸術的になりました。世界全体で飼育されている馬は5900万頭弱とされ、このうちの多くがアメリカ（17.4パーセント）、メキシコ（10.8パーセント）、ブラジル（9.3パーセント）、アルゼンチン（6.1パーセント）および中国（10.2パーセント）で飼育されています（農林水産省資料）。これに対し、日本における馬の飼養頭数は、1992年に約12万頭であったものが徐々に減少し、2015年には7万頭弱になってしまいました（農林水産省資料、2017年）。このうち競走馬が約4万頭と60パーセントを占めています。競走馬以外は、今ではほとんど見かけなくなった農耕馬、乗馬用の馬、そして日本古来の在来馬です。戦前の最盛期には全国で約150万頭もの馬が飼われていましたが、戦後、農業の機械化が進み、とくに農耕馬が激減しました。今現在、みなさんが馬を見ようと思ったら、まずは競馬場へ行くのが一番の早道だと思います。あるいは、近くに乗馬クラブがあれば、そのほうが早いかもしれません。いずれにせよ、日常生活で実物の馬を見る機会はほとんどないといってよいでしょう。

茨城県笠間市に東京大学の附属牧場があります。常磐高速道路に乗って都心から約 1 時間半、岩間インターを降りてすぐ、交通の便がとてもよいところです。今でこそアクセスがよい場所ですが、私が学生のころは高速道路はまだなく、最寄りの常磐本線・岩間駅から迎えのマイクロバスで田舎道を約 20 分、周囲は畑と栗林、鬱蒼とした森で、夏の夜にはヨタカ（鳥類）が「キョキョキョキョキョ」とわがもの顔で鳴きまくっていました。獣医学の学生ガイダンスや動物の剖検のため牧場を訪れるたびに、はるかな昔を思い出してしまいます。

さて、東京大学附属牧場にはアルゼンチン原産の馬が飼われています。「クリオージョ（Criollo）」と呼ばれる種類で、淡褐色～灰色の毛並みでたてがみと尾

図 11-1　学生実習のひとこま。前はセルフランセ、後ろの白い馬がアルゼンチン原産のクリオージョ。茨城県笠間市の東京大学大学院農学生命科学研究科附属牧場にて。写真：李俊佑准教授。

が黒く、背には「鰻線（まんせん）」と呼ばれる黒い線が一筋走っています（図 11-1）。競馬場にいるサラブレッドほど大きくはなく少しふっくらしているのですが、なかなか優雅な外見で、見ていて心地よい雰囲気の馬です。アルゼンチンの草原パンパでガウチョと呼ばれるカウボーイが乗る馬として知られています。東京大学獣医学専攻はアルゼンチンのラ・プラタ大学獣医学部と 1990 年に学術交流協定を結び研究交流を深めてきましたが、その一環として 1994 年にこのクリオージョを附属牧場に導入しました。馬は季節繁殖動物で、毎年春から夏にかけて発情し交尾して妊娠します。妊娠期間は約 335 日とされ、次の年の春に通常 1 子を出産します。クリオージョの故郷アルゼンチンは南半球に位置しているため日本とは季節が正反対なので、日本に連れてこられたばかりのクリオージョはなかなか発情しませんでした。しかし、ほどなく数年で日本の季節変化に順化し、発情、交尾し、子馬を出産するようになりました。現在、附属牧場では、毎年 2、3 頭のクリオージョが誕生しています。

アルゼンチンには世界最小の馬、ファラベラも飼育されています。大人でも体高はわずか 70 センチメートルから 80 センチメートル、ごく小さいものはなんと 40 センチメートルということです。体重も 25 キログラムほどだそうです。私もアルゼンチンの動物園で見ましたが、ほんとうに馬なのかと思うほど小さく、世の中にはいろいろな動物がいるものだといたく感激したことを覚えています。一方、世界最大の馬は体高が 170 センチメートルを超えるベルジャン種、ペルシュロン種、シャイアー種、ブルトン種などで、体重も 800 キログラム程度だそうです。インターネットでいろいろと調べてみたところ、ギネス記録を持つ馬はベルジャン種のビッグ・ジェイク号で体高は 210.2 センチメートルだそうですが、歴史上は 1846 年生まれのシャイアー種のシンプソン号が体高 218 センチメートル、体重 1520 キログラムで最大とのことでした。なんと最大の馬の体重は最小の馬の 60 倍です。犬の場合もそうですが、人間はさまざまな用途の動物をつくってきたものだなあとつくづく感心します。

前述したように、日本では馬の飼育頭数が激減しています。競馬場か乗馬クラブ以外で実物を見ることはほんとうにまれです。もっといろいろな場面で人と馬が触れ合うことはできないものでしょうか。獣医学の歴史は馬の医学の歴史であると述べました。獣医大学での教育にも、もっと馬と触れ合う機会をつくるべきだと考えています。

11.3 モデル動物とモニター動物

獣医大学では実験動物に関すること（取扱法、特徴、遺伝、病気、動物福祉など）も勉強します。ほとんどの獣医大学に実験動物学の研究室があり、多くの優れた研究が行われています。その研究分野のひとつに「疾患モデル動物学」があり、さまざまな動物を用いて人の疾患（病気）を再現し、発病メカニズムや病態の解明、治療法の開発などに力を入れています。これまで、おもにマウスとラットを用いて、じつに多くの「疾患モデル動物」が作製されました。病原体の接種、化学物質の投与による疾患モデルばかりでなく、交配によって病的遺伝子を発現させ、疾患を誘発したモデルも存在します。人の疾患の病態をそっくりそのまま再現できるモデルもありますが、動物種が異なることで再現が困難な場合もあります。たとえば、ノロウイルス感染症の場合、マウスはヒトノロウイルスに感染しませんので、マウスノロウイルスを用いてモデルを作製する試みがなされていますが、その病原性は低く人の病態はなかなか再現できません。また、近年ではさまざまな遺伝子改変モデル動物が開発され、人の遺伝性疾患や遺伝子異常に関連した疾患の研究に大いに役立っています。

私が関連している認知症研究の分野でも、多くの種類のアルツハイマー病モデルマウスが開発されています。現在私たちの研究室で研究に用いているアルツハイマー病モデルマウスの系統は、脳においてアミロイド β が過剰に産生され沈着する 5xFAD と、タウタンパク質が異常に産生され沈着する rTg4510 です。いずれのモデルも生後 3 ヶ月齢ごろから脳にそれぞれアミロイド β とタウが沈着し始め、6 ヶ月齢では迷路試験などで検出される行動異常が現れます。これらのモデルマウスを用いて食品中の抗認知症物質を探る研究などを行っています。

マウスやラットなどの実験動物は、成長が早く、世代交代も頻繁なので、短期間で人の病気を再現できるという利点がある一方、進化のうえで人とはかなりかけ離れているという欠点があります。人の病気を再現できない、あるいは再現できてもそのメカニズムがまったく異なっているということがしばしばです。このような状態を「人への外挿性がない」または「外挿性が低い」と表現します。できれば人に近いサル類を用いた実験が望ましいのですが、なかなか個体数が得られず、寿命が長いので実験そのものに時間がかかります。それになによりも人に近いということで、動物倫理的な観点から実験には多くの制限が加えられます。

私たちにとってより身近な動物である犬や猫が人の疾患モデルになることもあります。犬や猫にも人とほぼ同じ病態を示す病気があり、疾患モデルと称されることがあります。ただし、犬や猫のような伴侶動物を動物実験に用いることは心理的にも、動物倫理的にもかなりむずかしいと思われます。また、マウスやラットほどではありませんが、進化的にも人とはかなり隔たりがあり、実験結果の外挿性があまり期待できません。むしろ、犬や猫は飼い主と同一の生活環境を共有しているという利点を生かした利用法を考えてみてはいかがでしょうか。たとえば、生活環境とのかかわりが原因となる病気、すなわち人と動物の共通感染症、喘息ほかのアレルギーなどの環境に由来する疾患は、飼い主と飼育動物が同時にかかる場合があるかもしれません。動物の病気を見ることで飼い主が同じ病気にかかる可能性を想定したり、反対に飼い主の病気を観察することで動物の病気を診断したり、おたがいをそれぞれの病気のモニターとして位置づけることができるのではないでしょうか。すなわち、犬や猫などの伴侶動物を人の「モニター動物」として、あるいはその反対に人を伴侶動物のモニターとしてとらえていくという視点です (図 11-2)。こうした視点で行う研究により、今後病気に関する新たな知見が多く出てくるはずです。

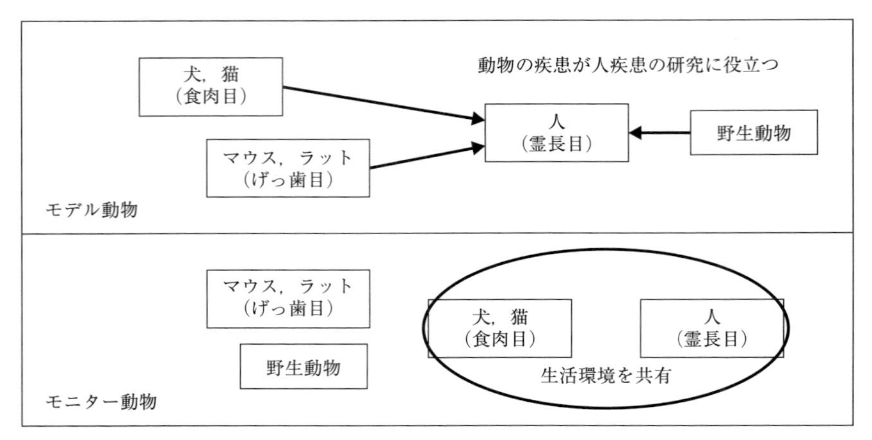

図 11-2　モデル動物とモニター動物。さまざまな動物の疾患研究が人疾患研究の役に立つとき、これらの動物を「モデル動物」という。犬や猫は人と生活環境を共有しているので、疾患の発生においてたがいに「モニター動物」になっている。

11.4 One Health と獣医学、そしてこれからの獣医学が目指すもの

「One Health」あるいは「One World, One Health」という言葉を聞いたことがありますか。2004 年 9 月にニューヨークで開催された World Conservation Society 主催の感染症対策会議（One World, One Health 会議）に由来します。すなわち、人の健康は、動物の健康および人と動物をとりまく環境の健康に大きく依存しており、これらすべての健康を地球規模で持続的に守らなければならないという概念です。この概念には、獣医師が対象とする職域、すなわち伴侶動物臨床、産業動物臨床、食品衛生や環境衛生などの公衆衛生、疫学、野生動物管理、生態などが含まれています。まさしく「One Health」は獣医師の職域を端的にいい表している言葉だと思います。

伴侶動物臨床はおもに犬と猫を対象とし、これにわずかですが野生動物を飼いならしたフェレットやハリネズミなどの、いわゆるエキゾチック・ペットが含まれます。飼い主は動物とともに過ごすことで幸福な気持ちになり、人生も豊かになります。一方、産業動物には、牛、豚、鶏、羊、山羊などが含まれ、動物が生産する肉、乳、卵、毛、皮などを人が直接利用しています。また、産業動物の健康はその生産物を利用する人間の健康に影響します。人が口にする動物由来食品の衛生は、動物の健康があって初めて達成できます。さらに、人にとって快適かつ健康的な環境の保全は、そこに生息する人以外の野生動物、植物の存続にとってなくてはならないものなのです。「One Health」の概念は、全世界の獣医師が目指すべき職業上の目標なのです。

もちろん、人の健康は医師や歯科医師の職業的到達点でもあることはいうまでもありません。「One Health」という合言葉のもと、世界各地で獣医師と医師との協働が始まりました。日本でも 2013 年に日本獣医師会と日本医師会が協定を結んだのを皮切りに、その後、全都道府県でそれぞれ獣医師会と医師会が協定を結びました。さらに、2016 年 11 月には北九州市で第 2 回目の One Health に関する国際会議が開催され、世界獣医師会と世界医師会が協定を結び、これに日本獣医師会と日本医師会が加わって「福岡宣言」が採択されました。この宣言では、医師と獣医師は人獣共通感染症の予防、医療と獣医療における抗菌剤の使用、医学と獣医学の教育の改善・整備について協力を図り、健康で安全

な社会の構築を目標として「One Health」の概念にもとづいて行動・実践する、という内容が謳われています。将来的には、環境の保全に関連する団体の「One Health」への参加が望まれます。

一方、2015年9月に国際連合総会で「持続可能な開発目標（Sustainable Developmental Goals; SDGs）」が採択されました。世界を変革するにあたっての達成目標で、17の目標と169項目の達成基準が含まれています。17の目標を以下にあげますが、このうち獣医学に直接関連しそうなものを太字にしてみました。

1. 貧困をなくそう
2. 飢餓をゼロに
3. すべての人に保健と福祉を
4. 質の高い教育をみんなに
5. ジェンダー平等を実現しよう
6. 安全な水とトイレを世界中に
7. エネルギーをみんなに、そしてクリーンに
8. 働きがいも経済成長も
9. 産業と技術革新の基盤をつくろう
10. 人や国の不平等をなくそう
11. 住み続けられるまちづくりを
12. つくる責任つかう責任
13. 気候変動に具体的な対策を
14. 海の豊かさを守ろう
15. 陸の豊かさも守ろう
16. 平和と公正をすべての人に
17. パートナーシップで目標を達成しよう

これからの獣医学には、これらSDGsの達成を目標として掲げ、One Healthの視点で実行していくことが求められます。さらに、現代の獣医学にはグローバル化が求められています。獣医学に関する諸問題のほとんどが世界規模で発生しています。これらの問題に対応するためには、世界的な視野を有する獣医師を輩出する教育システムが必要不可欠です。また、獣医師には獣医学と深く関連する畜産学はもちろん、経済学や国際社会学などのいわゆる文系分野の知識も必須です。国際的なコミュニケーション・ツールとして英語を使いこなす能力も求められます。獣医学教育にはこのような教育要素が求められています。獣医学を教える教員も、教わる学生諸君も、グローバルな視野で人、動物、環境の健康の増進を目標として、国際社会に貢献することが責務なのです。

11.5 第 11 章のまとめ

1. 学術団体（学会）のあり方もずいぶんと変わり、経験に関係なく忌憚のない意見がいえる風通しのよい学会が増えてきた。若い会員の質問に「四の五のいうな！」と取り合わないロートル会員はいなくなった。
2. 洋の東西を問わず、戦前までの獣医学の歴史は馬の医学の発展そのものであったが、現在とくに日本では馬の飼育頭数が激減している。これからの獣医学では、人と馬との関係をもっと考えていきたいものである。
3. 犬や猫などの伴侶動物は、飼い主と同一の生活環境を共有していることから、飼い主の病気を映し出すという、「モニター動物」としての利用法が考えられる。
4. 「One Health」とは、人の健康、動物の健康、環境の健康について地球規模で持続的に守らなければならないという概念で、獣医学が目指す理念そのものである。

おわりに

本書では、みなさんに獣医師の職域、それぞれの仕事内容、獣医師になるための方途、について紹介しました。また、大学で獣医師養成教育と獣医学研究に従事している私の仕事の実際、研究の内容、さらには現在考えていることなどについても述べました。

「はじめに」で大学時代のことを書きましたので、ここではそれより以前のことを少し思い起してみたいと思います。多くの生命科学研究者と同様、私も小学校に入ったころから虫が大好きでした。昆虫採集にはまり、将来は昆虫学者になるんだと公言してはばからず、座右の書は昆虫図鑑という、マニアックな幼少期を送った方も多いのではないでしょうか。タマムシ（玉虫）というメタリックな極彩色の甲虫がいます。毎日昆虫図鑑を眺め、なんとか捕まえられないものかと恋い焦がれていました。ある日、家の近くの木の葉の陰に初めて玉虫を見つけたときの感動は、生半可ではありませんでした。私が生まれ育った新潟平野と越後山地がちょうど接するあたりは、当時街並みを外れるとまだまだ田んぼと森が続いていました。後日、その玉虫との出会いを作文にし、なんと賞までいただきました。ところが、中学生になると、ほかのことへの興味が大きくなり、昆虫だとか、生物だとかどうでもよくなってしまいました。昨今は「中二病」と称されているようですが、中学生が大人になる過程で複雑な心理状態になるのは今昔を問わず永遠の真理なのでしょう。それはともかく、生物への興味が再び頭をもたげてきたのは高校２年生のときでした。たまたま読んだムツゴロウこと畑正憲さんの日本エッセイスト・クラブ賞受賞作『われら動物みな兄弟』の一節、八丈島沖でネンブツダイの海中撮影を行うくだり、刻々と輝きが変化する銀鱗の群に囲まれるシーンの描写に、ゾクッときました。さらに、これに続く代表作、『天然記念物の動物たち』シリーズを読みふけったあげく、やっぱり俺は生物学者になるんだと、それまでの怠惰な考え方を大いに反省し、ムツゴロウさんと同じ東京大学を目指そうと、かたく心に誓いました。

東京大学入学後は「生物学研究会」というサークルに所属し、植生調査もどき、バードウォッチング、登山三昧でした。私が入学したのは1976年で学生紛争は収まっていましたが、「はじめに」で書いたようにその余韻はまだ残っていました。さすがに学生紛争の経験者はいませんでしたが、専門課程に進学できず留年を繰り返している強者がまだまだたくさんいました。留年の理由は必ずしも学生運動ではなく、さまざまだったようです。このサークルにも、もう1回留年したら退学という年齢は私より3歳上の強者がいて、植物の分類法、野鳥の見分け方、植生調査の方法ばかりでなく、麻雀、渋谷の彷徨などいろいろと教えてもらいました。この男、SHは、なんとか退学は免れ、私と一緒に畜産獣医学科に進学することになりました。「はじめに」に掲載したお気に入り写真で、右から3人目、私の右隣に写っています。東京大学医科学研究所奄美病害動物研究施設でハブやトガリネズミの研究に従事し、現在も奄美大島で暮らしています。遠く離れているためなかなか会うことはできませんが、私が学生時代にもっとも影響を受けたひとりです。

この写真の右から2人目に写っているのは前多敬一郎です。卒業後名古屋大学に就職し、5年前に動物繁殖育種学研究室の教授として東大に戻ってきました。仲のよい友人で、ともに獣医学教育改革、獣医学研究の向上に取り組んできましたが、昨年2月に急逝しました。おたがい口が悪いものですから、生前は面と向かって褒めるなど一切しませんでしたが、じつは彼の研究業績、国際感覚、行動力、そして人懐っこさにはつねに敬意を払っていました。あまりにも早い彼の死が残念でなりません。

これから進路を考える若いみなさんには、大学時代の同級生、友人を大切にしてほしいと思います。将来、困難な状況に遭遇した際に、きっと助けてくれるでしょう。また、大学時代に好きなことを見つけたら、がむしゃらに勉強すべきです。それと同時に、ありきたりですが、視野を広げるためにいろいろな知識を吸収してください。また、本文でも書いたように、理科系の分野では英語の習得は必須です。繰り返しますが、王道はありません。とにかく慣れるだけです。とはいいながら、日本語で論理的かつ簡潔明瞭な文章を書く力も必要です。みなさんの多くは日本語でものを考えているはずです。英語を使う前に、日本語の使い手でなければなりません。でも、あまり大仰に考えることはありません。たくさん読書すれば、すべて達成できると私は思っています。

獣医師を目指す高校生ばかりでなく、これから将来の進路を考えるみなさんも念頭に置いて本書を執筆しました。なるべく多くの方が将来の職業選択にあたり獣医師を候補のひとつとして考えていただければ望外の喜びです。

本書の執筆にあたっては、ほんとうに多くの方々にお世話になりました。東京大学獣医学専攻および動物医療センターの同僚諸氏、とくに獣医病理学研究室の内田和幸准教授、チェンバーズ ジェームズ助教には、日々ご迷惑をかけてしまい申しわけなく思っています。そして、最後になりましたが、東京大学出版会編集部の光明義文さんには企画の段階からお世話になりました。光明さんは昔、獣医師になりたいと思われたことがあったとのこと。光明さんにおもしろいといっていただける文章を書くことを心がけた執筆でした。心より御礼申し上げます。

平成最後の立春の日に
東京大学弥生キャンパスにて

中山裕之

さらに学びたい人へ

執筆の際に参考にした文献やホームページを硬軟とりそろえてみました。読みもの風の記事もあれば、専門の英語論文もあります。とくに論文はなかなか手に入らないと思いますので、必要であればご連絡ください。

［第1章］

1. 小佐々学. 2013. 第2章　獣医史学『獣医学概論』池本卯典・吉川康弘・伊藤伸彦監修, 緑書房, 28–65.
2. 安藤圓秀編. 1966.『駒場農学校等史料』東京大学出版会.
3. 坂本勇. 2007. ヤンソン『日本獣医学人名事典』日本獣医史学会編, 文永堂出版, 160–161.
4. 坂本勇. 1970. 小動物臨床とヤンソン教師. 獣医畜産新報 No. 530: 1133–1138.
5. 坂本勇. 1972. J. L. ヤンソン先生伝 (1). 獣医畜産新報 No. 558: 26–31.
6. 坂本勇. 1973. J. L. ヤンソン先生伝 (2). 獣医畜産新報 No. 583: 93–100.
7. 坂本勇. 1974. J. L. ヤンソン先生伝 (3). 獣医畜産新報 No. 606: 10–14.
8. 坂本勇. 1979. J. L. ヤンソン先生伝 (4). 獣医畜産新報 No. 694: 285–292.
9. 東京都. 1978.『上野動物園百年史　資料編』東京都.

［第2章］

1. 農林水産省・獣医師国家試験ホームページ
   http://www.maff.go.jp/j/press/syouan/tikusui/180309.html
2. OIE ホームページ　http://www.oie.int

［第3章］

1. Nakamura, S., Nakayama, H., Uetsuka, K., Sasaki, N., Uchida, K., and Goto,

N. 1995. Senile plaques in an aged two-humped（Bactrian）camel（*Camellus bactrianus*）. Acta Neuropathol. 90: 415–418.
2. 新村出編．1998.『広辞苑　第五版』岩波書店.
3. 藤原公策．2005.『走馬灯（月刊 CAP　チクサン出版連載 1998–2002 年をまとめたもの）』非売品.
4. Schalm, O. W., Jain, N. C., and Carroll, E. J. eds. 1975. Camellidae. "Veterinary Hematology, 3rd ed." Lea & Febigar, 275.
5. Rosol, T. J., and Grone, A. 2016. Endocrine Glands. "Pathology of Domestic Animals 6th ed. Vol. 3 Maxie, M. G. ed." Elsevier, 301–302.

［第 4 章］

1. 日本獣医病理学専門家協会編．2013.『動物病理学総論　第 3 版』文永堂出版.
2. 日本獣医解剖学会編．2012.『獣医解剖・組織・発生学』学窓社.
3. 日本獣医寄生虫学会監修．2017.『寄生虫病学　改訂版』緑書房.
4. 児玉洋監修．2012.『魚病学』緑書房.

［第 5 章］

1. 国立がん研究センター・ホームページ　https://ganjoho.jp/reg_stat/index.html
2. Loh, R., Hayes, A., Mahjoor, A., O'Hara, S., Pyecroft, S., and Raidal, S. 2006. The pathology of devil facial tumor disease（DFTD）in Tasmanian Devils（*Sarcophilus harrisii*）. Veterinary Pathology 43: 890.
3. Pearse, A. M., and Swift, K. 2006. Allograft theory: transmission of devil facial-tumour disease. Nature 439: 549.
4. Murgia, C., Pritchard, J. K., Kim, S.Y., Fassati, A., and Weiss, R. A. 2006. Clonal origin and evolution of a transmissible cancer. Cell 126: 477–487.

［第 6 章］

1. 高安秀樹・高安美佐子．1988.『フラクタルって何だろう――新しい科学が自然を見る目を変えた』ダイヤモンド社.

2. Miyawaki, K., Nakayama, H., Nakamura, S., and Doi, K. 2001. Three-dimensional structures of canine senile plaques. Acta Neuropathol. 102: 321–328.
3. Nakayama, H., Kiatipattanasakul, W., Nakamura, S., Miyawaki, K., Kikuta, F., Uchida, K., Kuroki, K., Makifuchi, T., Yoshikawa, Y., and Doi, K. 2001. Fractal analysis of senile plaques observed in various animal species. Neurosci. Lett. 297: 195–198.

［第７章］

1. 高島明彦. 2013.『アルツハイマー病は今すぐ予防しなさい——第一人者が教える脳の守り方』産経新聞出版.
2. 田平武. 2009.『アルツハイマー病に克つ』朝日新書，朝日新聞出版.
3. Kiatipattanasakul, W., Nakamura, S., Hossain, M. M., Nakayama, H., Uchino, T., Shumiya, S., Goto, N., and Doi, K. 1996. Apoptosis in the aged dog brain. Acta Neuropathol. 92: 242–248.
4. Salvin, H. E., McGreevy, P. D., Sachdev, P. S., and Valenzuela, M. J. 2011. The canine cognitive dysfunction rating scale（CCDR）: a data-driven and ecologically relevant assessment tool. Vet. J. 188: 331–336.
5. Chambers, J. K., Uchida, K., Harada, T., Tsuboi, M., Sato, M., Kubo, M., Kawaguchi, H., Miyoshi, N., Tsujimoto, H., and Nakayama, H. 2012. Neurofibrillary tangles and the deposition of a beta amyloid peptide with a novel N-terminal epitope in the brains of wild Tsushima leopard cats. PLOS ONE, Volume 7, Issue 10, e46452.
6. Chambers, J. K., Tokuda, T., Uchida, K., Ishii, R., Tatebe, H., Takahashi, E., Tomiyama, T., Une, Y., and Nakayama, H. 2015. The domestic cat as a natural animal model of Alzheimer's disease. Acta Nueropathol. Comm. 3: 78–91.
7. Nakamura, S., Nakayama, H., Uetsuka, K., Sasaki, N., Uchida, K., and Goto, N. 1995. Senile plaques in an aged two-humped（Bactrian）camel（*Camellus bactrianus*）. Acta Neuropathol. 90: 415–418.
8. Nakayama, H., Katayama, K., Ikawa, A., Miyawaki, K., Shinozuka, J., Uetsuka, K., Nakamura, S., Kimura, N., Yoshikawa, Y., and Doi, K. 1999. Cerebral

amyloid angiopathy in an aged great spotted woodpecker (*Picoides major*). Neurobiol. Aging 20: 53–56.

9. Nakayama, H., Uchida, K., and Doi, K. 2004. A comparative study of age-related brain pathology- are neurodegenerative diseases present in nonhuman animals? Med. Hypotheses 63: 198–202.

［第 8 章］

1. ランドルフ・M・ネシーほか. 2001.『病気はなぜ，あるのか――進化医学による新しい理解』新曜社.
2. 井村裕夫. 2000.『人はなぜ病気になるのか――進化医学の視点』岩波書店.
3. 山倉慎二. 2002.『内科医からみた動物たち――カバは肥満，キリンは高血圧，ウシは偏食だが…』講談社ブルーバックス，講談社.
4. 長谷川眞理子. 2007.『ヒトはなぜ病気になるのか』ウェッジ選書，ウェッジ.
5. シャロン・モアレム. 2007.『迷惑な進化――病気の遺伝子はどこから来たのか』NHK 出版.
6. バーバラ・N・ホロウィッツ，キャスリン・バウアーズ. 2014.『人間と動物の病気を一緒にみる――医療を変える汎動物学（ズービキティ）の発想』インターシフト.
7. 丹羽太貫. 2003. 高齢化疾病に見る遺伝子プログラムの限界. 学士会報，第 843 号.
8. リチャード・ドーキンス. 1976.『利己的な遺伝子』紀伊國屋書店.
9. 有田隆也. 2012.『生物から生命へ――共進化で読みとく』ちくま新書，筑摩書房.

［第 9 章］

1. 本川達夫. 1992.『ゾウの時間ネズミの時間――サイズの生物学』中公新書，中央公論社.
2. 全国犬猫飼育実態調査　ペットフード協会ホームページ http://www.petfood.or.jp/data/index.html
3. Gunn-Moore, D., Kaidanovich-Beilin, O., Iradi, M. C. G., Gunn-Moore, F.,

and Lovestone, S. 2018. Alzheimer's disease in humans and other animals: a consequence of postreproductive life span and longevity rather than aging. Alzheimer's and Dementia 14: 195–204.

4. 石井直明. 2001.『分子レベルで見る老化——老化は遺伝子にプログラムされているか？』講談社ブルーバックス，講談社.
5. 香川靖雄. 1996.『老化のバイオサイエンス』羊土社.
6. 井出利憲. 1994.『ヒト細胞の老化と不死化』羊土社.
7. 鈴木英治. 2002.『植物はなぜ5000年も生きるのか——寿命からみた動物と植物のちがい』講談社ブルーバックス，講談社.

［第10章］

1. 西丸與一. 1982.『法医学教室の午後』朝日新聞社.
2. 西丸與一. 1984.『続法医学教室の午後』朝日新聞社.
3. 谷口和美. 2009.『パーフェクト獣医学英語』チクサン出版社.
4. 望月宏・高橋響. 2012.『獣医学領域の術語の覚え方』日本獣医病理学会.
5. Imai, S., Tsuge, N., Tomotake, M., Nagatome, Y., Sawada, H., Nagata, T., and Kumagai, H. 2002. An onion enzyme that makes the eyes water. Nature 419: 685.

［第11章］

1. 山田章雄. 2010. 人と動物の共通感染症対策における連携——One Health. 日本獣医師会雑誌 63: 556–557.
2. 掘田明豊・棚林清・山田章雄. 2015. 日本の医師と獣医師における One Health に関するアンケート調査. 感染症学雑誌 89: 606–608.
3. 日本獣医師会福岡宣言　http://nichiju.lin.gr.jp/topics/topic_view.php?rid=2712
4. 国際連合　持続可能な開発目標
http://www.jp.undp.org/content/tokyo/ja/home/sustainable-development-goals.html

索引

ア行

カ行

サ行

タ行

ナ行

ハ行

マ行

ヤ行

ラ行

ワ行

著者略歴

中山裕之（なかやま・ひろゆき）

1956 年　新潟県に生まれる．
1980 年　東京大学農学部畜産獣医学科卒業．
　　　　東京大学助手，アメリカ国立衛生研究所（NIH）客員研究員，東京大学助教授・教授・附属動物医療センター長を経て，
現　在　東京大学大学院農学生命科学研究科教授・附属動物医療センター長，農学博士．
専　門　獣医病理学．
主　著　『犬・猫の細胞診アトラス――たかが細胞診，されど細胞診』（監修，2007 年，学窓社），『動物病理学各論　第 2 版』（共編，2010 年，文永堂出版），『犬・猫・エキゾチック動物の細胞診アトラス――たかが細胞診，されど細胞診，ふたたび』（監修，2012 年，学窓社），『動物病理学総論　第 3 版』（共編，2013 年，文永堂出版），『東大ハチ公物語――上野博士とハチ，そして人と犬のつながり』（分担執筆，2015 年，東京大学出版会），『動物病理カラーアトラス　第 2 版』（共編，2018 年，文永堂出版），『獣医師を目指す君たちへ――ワンヘルスを実現するキャリアパス』（2022 年，東京大学出版会）ほか．

獣医学を学ぶ君たちへ
人と動物の健康を守る

2019 年 5 月 15 日　初　版
2025 年 2 月 20 日　第 2 刷

［検印廃止］

著　者　中山裕之

発行所　一般財団法人　東京大学出版会
代表者　中島隆博
153-0041 東京都目黒区駒場 4-5-29
電話 03-6407-1069　Fax 03-6407-1991
振替 00160-6-59964

印刷所　株式会社精興社
製本所　誠製本株式会社

ISBN 978-4-13-072066-3　Printed in Japan